農の思想と日本近代

綱澤満昭

風媒社

農の思想と日本近代■目次

第一章　小林杜人と転向

強弱は別として一人の人間が、ある確かな（本人がそう思うもの）思想、信念に基づいて行動している時、その思想・信念およびその行動が、国家強制力によって抑圧、弾圧され、その権力に妥協し、敗北せざるをえなくなることを転向と呼んでよかろう。

静かに日本の近代思想史を鳥瞰する時、この転向と無縁で存在しうる思想などというものが、はたして存在しえるものかという思いを抱くのは私一人ではあるまい。

私たちはこれまで、ありがたいことに、転向研究に関する貴重な遺産を持っている。なかでも、昭和三十七年に完成した「思想の科学研究会」による『共同研究・転向』（上・中・下、平凡社）は、質・量の両面において他の追随を許さぬほどのものであった。

本来、転向という問題は、なにも昭和の時代に限定されるものではない。この『共同研究・転向』の「序文」を書いた鶴見俊輔は、そのなかで、こうのべている。

「日本思想史における転向史は、すくなくとも百年さかのぼって、幕末からはじめ、明治の開化、さらに自由民権運動にたいする弾圧をへて、大正・昭和に至るべきである。このようにしてはじめて、日本の近代思想の原型形成においてはたらいた転向の刻印が明らかにされよう。(1)」

しかし、この鶴見らの共同研究は、昭和時代という時間的枠組みのなかで展開されていった。鶴見は、これまで転向の問題は、思想史の世界では、何か、あまり喜ばれる対象ではなかったという。その理由として彼は次のようなことをあげている。

「転向という主題をとりあげることの不快(2)」、「転向を対象として厳密な意味で学問的な研究をすることの困難(3)」、「転向研究の無意味(4)」。

こういった状況を克服して、この研究は完成されたわけであるが、鶴見は、転向の持っている思想的価値を、次のように記している。

「転向問題に直面しない思想というものは、子供の思想、親がかりの学生の思想なのであって、いわばタタミの上でする水泳にすぎない。就職、結婚、地位の変化にともなうさまざまな圧力にたえて、なんらかの転向をなしつつ思想を行動化してゆくことこそ、成人の思想であるといえよう。(5)」

ところで、鶴見たちは、転向を次のように定義したのであった。

「私たちは、転向を『権力によって強制されたためにおこる思想の変化』と定義したい。(6)」

この場合の権力で、重要なことは、国家権力ということであって、「現代日本の転向を記述する上で、中心となるのも、国家権力によって強制された思想変化であり、[7]」という。

当然のことであるが、表面的に自発的、自主的と思われるような思想的変容であっても、その前提に、あるいは基底に国家による強制というものが存在するとなれば、それはそれで、転向だとして鶴見は次のような例をあげている。

「たとえばある個人が、帝国主義反対運動の故をもって検挙されたという事実があり、それと時間的に近接して、同じ個人が当時の国策である『満州国[8]』建設を賛美する文章を発表したという事実があるなら、その間の思想の変化が当人によって自発的なものと意識されているとしても、この変化は転向と言えよう[9]。」

鶴見らの、この『共同研究・転向』の「上巻」が世に出たのが、昭和三十四年一月であったが、同年の九月に、本多秋五が本書についての書評を書いている。この書評はよくある単なる本の紹介などと違って、精緻にして鋭い本格的なものであった。本多はこの書を手にした時、その質と量に驚嘆したという。本書の画期的意味について彼はこうのべている。

「この本の最大の特徴は、いまいう転向概念からの『倫理の脱色』とならんで、転向という言葉の定義――『権力によって強制されたためにおこる思想の変化』という定義――にある。これがやはり一番大きな、性格的特徴である。この定義によって、転向研究は大変自由なものとなり、無礙なものとなった[10]。」

転向に関する秀作を待ち望んでいた本多は、この書に間違いなく合格点を与えたのである。これが契機となって、この種の研究が活発化し、将来に向けて大きな展望が開けてくると評価し、本書に対して彼は惜しみない賛辞を与えた。しかし、本書の「有効性」を認めつつも、若干の疑問点がないではないと、次のようにいうことも忘れはしなかった。

「しかし、有効性の寿命は案外あてにならぬものである。やはり『革命の脱色』という一点に問題が残ると思う。…（略）…別の転向定義を要求する転向論、革命をテーマとする転向論が存在するはずである。[11]」

この本多秋五が転向を次の三種類に分けたことは、よく知られているところである。まず、「共産主義者の共産主義放棄を意味する転向[12]」、次いで「加藤弘之も森鷗外も徳富蘇峰も転向者であったという場合の、一般に進歩的合理主義的思想の放棄を意味する転向[13]」、いま一つは、「思想的回転（回心）現象一般をさす[14]」ものである。

日本の知識人たちが、日本の伝統的社会、宗教、習俗といったものの実態を精査、認識することなく、借用理論を信仰したことから転向は発生することはいうまでもないが、吉本隆明はそのことを的確に指摘している。

「わたしの欲求からは、転向とはなにを意味するかは、明瞭である。それは、日本の近代社会の構造を、総体のヴィジョンとしてつかまえそこなったために、インテリゲンチャの間におこった思想変換をさしている。[15]」

ところで、この転向の日本近代思想史上での意義について言及する際、いま一つ傾聴に値する指摘を私たちは持っている。それは、橋川文三のそれである。

彼は転向という問題は、「わが国の近代思想史において、はじめて本来的な思想の意味を悲劇的に、かつ逆説的に明らかにしたという意味で、また、およそ思想とよばれるものが生の根底的現実ともっとも究極的に交渉する場合、そこにどのようなすさまじいドラマが展開するかを露呈したという意味で、おそらく幕末・明治の動乱期をのぞいて、もっとも痛烈な思想史上の一エポックを形成した。(16)」とのべたのである。真の思想の名に値するものは何か。血肉化されていない借り物思想が、現実世界に直面した時、そこに如何なる状況が生れるか。如何なる悲劇、喜劇が生れるか。日本における転向の問題は、そういうことを示唆してくれていると橋川はいう。

転向をめぐって、これまで様々な定義、議論、そして日本の近代思想史上での意味が問われてきた。いま、日本には、極端な破壊活動排除を除けば、かつてのような政治的弾圧、抹殺はない。自由な思想が、運動が、学問が、それぞれの領域で展開されているようである。こういう時代には、転向研究などは、もはやいかなる意味をも持たないということになるのか。いかなる信念も哲学も思想も持つ必要はなく、むしろそのようなものを持つことが軽蔑されるような雰囲気のなかにあっては、転向など、はなから問題になることはなかろう。たしかに、いま、赤裸々な物理的弾圧、排除はない。しかし、民衆の統治技術は、マス・メディアを中心として、その枠を集め、その統治は実に巧妙になされ、民衆の側は、およそ被支配者意識など持ちえないのかもしれない。理性の狡知もいよいよその成熟度を増しているようである。管理強化と「癒し」という両刃を使いつつ、操縦するという構図が完成されている。思想の領域においても、いまや最高の権力というものは、極めて懐の深い、しかも強力な吸引能力装置を用意していて、浅慮な反権力的思想などは、喜々として吸収している。強引な物理的弾圧などで転向を強要する必要などないのである。権力というものは、いつの世においても、相当のところまで、己に向けての攻撃を許容しつつ、最終的には、そのエネルギーをも己の栄養にしてゆくといった逞しさと巧妙さを備えている。

荒ぶる怨霊をも、じつに巧妙で、持続的な「癒し」によって、次第に和霊にしてしまうというプロセスは、王権支配が採用する常套手段である。和霊と化したものは、かつての敵に忠誠を誓い、そちらの側で有効なはたらきをする。かつて燃やした生命の炎は、方向を転換しつつ、なお激しく燃えあがる。

本稿で取り上げようとする小林杜人は、転向者の一人であるが、彼はいかなる経路を辿り、いかなる和霊になっていったのであろうか。

小林杜人は、若くして己を取り巻く環境のなかでの種々の日常性に、社会的矛盾を発見し、疑問視し、それによって苦悩し、社会に向ける目を鋭く、広く養っていった。家業である農業、養蚕に従事しながら、マルクス主義に邂逅し、農民、労働運動に奔走する。やがて検挙され、獄中での生活を余儀なくされる。絶え間ない苦しみの結果、身心ともにボロボロとなり、自殺を図るが失敗する。獄中での教誨師との出会いにより、宗教的救いを獲得し、やがて転向する。一転し、かつて己が信じ、行っていた社会活動すべてのプライドを放擲し、マルキシズムも清算する。自力の無力、無効を自覚し、如来への帰依、そして新しい道を選択する。出獄後は、帝国更新会という組織に入り、国家のため多くの人の転向を促し、転向者救済のために懸命の努力をしたのである。彼は単にそれまでの思想を捨て、運動をやめたというだけではなく、非転向者に対しては転向の「正しさ」を説き、奨励し、転向者に対しては、社会復帰のための就職をはじめ、あらゆる援助を惜しまなかった。小林は転向前も後も、真面目で、禁欲的で、誠実を日常としていた。彼のこの資質は、社会主義運動、農民運動、そしてまた国家権力への協力の際にも貫かれていった。国家が用意する民衆統治のための真面目主義は、小林の持っていた資質そのものでもあったということでもある。次のような役割を担わされるのは当然のことであった。

「『転向』方策が起動にのり、『転向』者が増えてくると、行刑のつぎの段階として、再犯の防止と『転向』を確保するために、『保護』事業が重視されるようになった…（略）…その先駆は、東京地裁検事正の宮城長五郎の主宰する帝国更新会（市ヶ谷刑務所教務主任の藤井恵照が常務理事）で、三一年末に仮釈放された小林杜人を専従に、多数の『転向』者を受け入れ、三四年末には思想部を独立させた[17]。」

ここで、昭和の転向史のなかで、このような生き方をした小林の帝国更新会で活躍するまでの略年譜を作っておこう。（小林の著である『「転向期」のひとびと[18]』を中心に）

明治三十五年（一九〇二）

二月十五日、長野県埴科郡雨宮県村大字土口に生れる。父友喜、母ふく。農業と蚕種製造を家業とする。

大正三年（一九一四）

小学校卒業、埴科農蚕学校入学。ハイネ、ダンテ、トルストイ、ドストエフスキーなどを読む。

大正六年（一九一七）

埴科農蚕学校卒業後家業を手伝う。不当な被差別者との交流を始め、信濃同仁会雨宮支部の組織化に参加。山室軍平に注目し、救世軍長野小隊に入隊。

大正七年（一九一八）

五月より長野県蚕業取締所埴科支所の書記となる。

大正十年（一九二一）

信濃自由大学に学ぶ。土田杏村、高倉テルを知る。有島武郎、内村鑑三、西田幾太郎、倉田百三などの著作を読む。

大正十二年（一九二三）

一月近衛歩兵第三連隊に入隊するが、病のため入院、四月には第一衛戍病院に移り、看護兵となる。

大正十三年（一九二四）

七月に除隊、家業を手伝う。北信社会主義グループの研究会、政治問題研究会北信支部に参加、理不尽な職業、住居の差別に対し強力に反対する。日常的差別の深さを知る。

大正十四年（一九二五）

全日本無産青年同盟設立の準備会が開催され、北信支部ではたらく。この同盟の創立大会に北信支部の代表として出席したが、その結果村役場の書記を解雇される。

大正十五年（一九二六）

日本農民組合を支持する長野県小作組合連合準備会、労働農民党北信支部準備会の設立が決定され、小林宅が一時的に事務所となる。「いもち」が発生し、稲作は大きな被害にあい、北信、中信に小作争議激増。小林は多忙を極める。

昭和二年（一九二七）

金融恐慌により長野県下の農民運動激化。長野県の小作組合連合会創立大会が開催され、日本農民組合に加盟。小林は組合の常務理事になる。労働農民党全国大会が開催され、委員長に大山郁夫、小林は中央執行委員となる。

昭和三年（一九二八）

労働農民党中央執行委員会に出席。日本共産党に入党。北信の責任者となる。日本共産党への大弾圧があり、小林も検挙される。家族への愛情と同志への思いの間で苦悩し、獄中自殺を図るが、失敗する。懲役三年六ヶ月の判決が下り、控訴する。
昭和四年（一九二九）
藤井恵照教誨師に出会い、敬意を抱き心酔する。親鸞をはじめ、島地大等、清沢満之らの著書に触れる。控訴を取り下げる。この藤井との出会いが、のちの帝国更新会での活動につながる。
昭和五年（一九三〇）
独房から図書室へ通うという教務課の仕事につく。
昭和六年（一九三一）
宗教への理解も深まり、苦悩脱却の光が見えてくる。健康状態も良好。母親死去。刑期は昭和七年四月ということになっていたが、年末に仮釈放となる。これより帝国更新会に勤務。本会の保護委員として業務に尽力する。
昭和九年（一九三四）
帝国更新会の中に、思想部が設けられ、小林はその責任者となって活躍する。

以上が小林の帝国更新会で活躍するまでの歩みであるが、彼の世の中の不正、矛盾への開眼は、きわめて具体的、日常的体験に基づくものであった。大学という場所で、資本主義経済、土地制度の矛盾などを抽象的に学習するというものではなかった。

小野陽一というペンネームで著した『共産党を脱する迄』[19]という本があるが、このなかで、かつての己の行動を深く反省し、懺悔する箇所がある。長野県雨宮県村における同仁会支部の創立大会時においてである。こういうものであった。

「小野の級が六年を卒業する時、記念撮影をすることになって居た。其の時全級の者共が申合せて、若し水平社の同人が一人でもまぢると写真を買はぬと云ふことに決議したのである。そして此の同人三人を追っ払って、とう〳〵写真をとらせなかったのである。其の外のことは数限りない。…（略）…この日泣きながら、それを告白したのであった。そして、『皆さん、どうか許して下さい。此の通り謝罪します[20]』」

さらに差別の問題で、小林の若い魂を動揺させた事件があった。靴製造、修理を仕事としていた小林の友人が、水平社の同人であるという、いわれなき理由で店を他所への移転を拒否された時のことである。小林はこの理不尽な差別に対し、怒り苦しみ、東奔西走し、やっとの思いで友人有利の方向で解決したのである。『共産党を脱する迄』で、こう記している。

「この事件は小野に、水平社同人等に対し、社会に浸透せる因襲的差別の如何に根強いものであるかを覚らしめた。小野の心は一時はテロリストにならんとした程であった。小野は世間から如何に嘲笑されても、同人等と今后益々差別撤廃のために奮闘する決意を固めたのである。[21]」

いま一つ小林に社会的矛盾への開眼を促したものは、キリスト教である。苦労しつつ、同志社で学び、日本救世軍の創設に尽した山室軍平に邂逅し、彼に強く心を打たれ入信した。神の前における平等、そのために悪旧習の打破といったものに小林の心は吸い込まれていった。

小林は己の心中を、常時一点の曇もない状態にしておきたかった。いつ、どこでも、不正、虚偽、偽善などのない精神を維持し、政治の世界での駆引きなどを極力嫌った。自己反省的であり、真面目主義を通した。この差別の実態、己の加害者としての罪の重さを自覚し、これを機会に、小林は社会的矛盾を解消し、弱者への全面的支援へ向けての実践活動に全身全霊を捧げることを誓うのである。彼の農民運動、労農提携、差別撤廃など、すべて彼の日常からの発信であった。

このような外での活動をしながらも、小林は家業にも全力を傾注するのである。限界まで汗を流し、血を流すのである。

「彼はどんなに働いたであらう。あの山の畑に汗だく〳〵になって働いてゐた。…（略）…春は雲雀の声を聞いて麦の草をとり、耕耘に働いた。人糞に大豆粕や、過燐酸石灰等をまぜたのを肥桶に入れ荷車に積んで、田畑に運ぶこともあった。…（略）…一日こうして働くと、アンモニアの臭ひで身体中まで臭くなって、二日位は抜けなかった。こんな時でも小野は、集会に出ることを怠らなかった。集会にはいつも其の司会者であったのだ。[22]」

家業と社会運動との両立は、小林の真面目さゆえに、極めて過酷なものとなっていた。両者に軽重をつけることの出来ない小林は、ボロボロになった肉体を引きずりながらの日常を余儀なくされていった。このことは、後の彼の転向理由にも大きく影響することとなる。

農村問題に全生命を賭して闘う小林の活動は、地元はいうまでもなく、県で知られ、漸次拡大していった。そうした彼の顔を日本共産党が見逃すはずはない。遂に誘いの手が延びることになる。

「昭和三年一月一五、一六日、労働農民党中央執行委員会に出席、のちに邂逅する南喜一、浅野晃、豊田直らを知る。同一月二一日、上城寛雄の紹介で信越地方委員会オルガナイザー河合悦三より日本共産党に入党勧誘を受け承諾し、以後、日共党員として北信の責任者となる。(23)」

かくして小林は日本共産党の党員となり、ある種の使命と覚悟を感受し、大車輪的活躍を己に言い聞かせている。共産党に対する当時の一般的社会的評価とは別に、いわゆる知識人や学生、労働運動、農民運動にかかわっていた人たちにとっては、この組織はきわめて崇高にして、日本的近代「知」の集結した威厳のある存在であった。小林もこの組織の一員になることは、何か重々しい、大きな力の支援を獲得したように感じたようである。

「小野自身も党に加盟したことが、彼の無産運動者としての歴史の一区画となったのである。それからの小野は強くなった。何とはなしに彼は一つの魔力を自分に得た様に思へた。それから検挙される迄の小野の活動は目ざしいものであった。(24)」

大きく強い力が己の背を押してくれているという安堵の思いと同時に、頑強な拘束力という緊張感もあったにちがいない。積極的使命感と自己拘束力感とが混交していたであろう。

しかし小林が党員として活躍出来た期間は極めて短い。昭和三年一月二十一日に入党したが、同年の三・一五事件で、はやくも検挙されているのである。

昭和三年三月十五日は、いうまでもなく、日本共産党に対し大弾圧のあった日である。天皇制、国体、私有財産制などで党の方針を打ち出した共産党に敏感に反応した国家権力は、大正十四年に公布された治安維持法を改正、強化し、共産主義運動、思想の撲滅を図らんとしたのである。小林は己の検挙を次のように回想している。

「私もこの日未明、日本農民組合長野連合会本部、労働農民党北信支部事務所で、屋代警察署に検挙された。事務所責任者として家宅捜査に立ち会い日共の検挙であることを知った。…（略）…母は信濃毎日新聞記者に涙ながらにわが子のことを語りしとか。翌日、雨宮県小学校長馬場源六は、全校生徒に『わが村より不忠の臣を出した』ことについて訓辞、わが妹は衝撃を受けたりと聞く。屋代町付近の町村は、大逆事件以後はじめて恐怖震撼せりと。[25]」

国体そのものを批判し、私有財産制を否定するなどといった日本共産党が、当時の一般民衆の日常的思惟からは大きくかけ離れた存在であり、それは恐怖の対象ともなっていた。その組織に入り、しかも官憲によって検挙され、投獄されたとあっては、当時、家族にとって、村落共同体にとっても、これ以上の恥、不名誉なことはなかったのである。

ここから小林の獄中生活が始まるのであるが、検挙された時の彼の心情は、これまた、極端に正直で、素直で、己の活動が罪を犯したのであれば、正直にその罪を認め、責任を負うというのである。小林の主義、主張、そして行動が、己の確たる信念に基づいたものであったとすれば、この正直さ、素直さを勇気あることとみるのか、なんという腑甲斐無きこととみるかは微妙なところである。
「小野は今度の事件について正式に党に加盟したのは、北信では自分一人であるし、他のものに迷惑にならぬと思ったので、初めから自分のことだけは自白して、早く片付けたいと思ってゐた。またやったことを隠してゐて自白せぬことは、自分で卑怯だと思って居たために、小野の最初の煩悶は初まったのである。[26]」

ここで私は、小野が獄中で苦しみ、悩み、己自身と文字通り生命がけの格闘をした内容のいくつかを取り出してみたい。それは転向そのものの動機の検討でもある。

まず、小林の心情を大きく揺さぶったのは、なんと言っても、家族への情愛である。転向者の多くが転向の動機とした家族の問題[27]が、小林の眼前においてもせまっていた。農民運動、共産主義運動か、家族への愛か。己が獄につながれることで、家族、親類縁者にかける迷惑、なかんずく、貧困にあえぎ、血涙を流しながら、無言で鍬を打ちおろす父母のやつれた姿を想像する時、彼の腸はよじれんばかりであった。それでも抽象的階級闘争やコミンテルンの方針に沿った闘いを続行してゆけるというのか。しかし、そうかと言って、共に闘ってきた同志も裏切れない。小林は肉も精神も引き裂かれんばかりであった。父母への思いを彼はこう語るのであった。
「小野は獄中で父母を思ふ時に、俺は社会的功名心などは、かなぐり捨てゝ風呂の火番でもやらうと思った。それはどんなに楽しいであらう。父や母が一日働いた体のつかれを洗ひ落とすかの様に嬉しそうに湯に這入る、その湯の番をする。あの薪を燃やす度に、風は煙りを小野の顔に吹き捲くるであらう、煙にむせた赤い顔をして一生懸命に火を燃やす。そして父母の身体を洗ってやる。[28]」

政治支配貫徹のための常套手段として物理的強制力のほかに、心理的操作があることは、いつの時代、いかなる社会においても、いうまでもないことであるが、民主主義だの自由主義だのが声高に叫ばれる場において、後者が有効性を発揮することは当然のことである。

転向への誘動は、家族への情が巧みに利用されていった。国家権力と対決は出来ても、家族との対決は、そうやすやすと出来るものではない。国家を欺くことは可能でも、父母兄弟、姉妹を欺くことは不可能にちかい。現存する家族のみならず、現世不在の先祖たち、そして将来生れくるであろう子や孫に対しても、家の意識は連続している。

ところが、家、家族を思う心情は、多くの場合、反体制、反権力運動の支柱になることはなく、逆にその運動を阻止し、支配権力の体制のなかに埋没させられてゆく運命にある。近代日本の「家の思想」がここにはある。従って、個人の自由を拘束し、奪い、自主、自立、独立を邪魔する家からの開放こそ、近代日本への第一歩で、家を蹴れ、父母を蹴れという悲しい激情が浮上することもありうるのである。

「近代日本の知識人の思想的性格と日本特有の家族制度（家制度とよばれる）の関係というとき、すぐに思い浮かぶことがらの一つは、日本近代の知識人の思想の歴史が、いわば家からの解放を求めるさんたんたる抗争の歴史であったという印象であろう。[29]」とのべたのは橋川文三であるが、まさしく、家による拘束とそこからの個人の解放は、日本の近代精神史の上から、決して欠かせない難問の一つであった。

多くの場合、革命のため、思想のために、家族を放擲してやまぬということは、現実世界からは、かなり遠い感情であった。

小林は次のような発言をするようになる。原始共産制社会は、実は身近にあると。

「家長を中心として一家が同体である。其処には私有財産もなく、共働、共有だ。…（略）…子供を育てるためには、一家の中心にある人は労作をしなければならない。一家に病人があればその人は誰よりも多く消費するが、決して外の人は不平は云はないであらう。…（略）…かうした家族主義の特質は、今日、封建的な形骸を破って、新しく我々に受けとられなければならないのではなからうか。共産主義者が夢見た様な社会は我々の足下にあったのである。[30]」

次に問題にしたいのは、家族と連動する問題であるが、小林の故郷、農、土への思いである。農本主義的心情と呼んでもいいかもしれない。彼の獄中における沈思黙考の世界で、重要な位置をしめたものに故郷がある。具体的には故郷の山であり、川であり、田畑である。また、そこに住まいするなつかしい人たちの顔である。故郷の自然に抱かれたこの夢を小林は獄中でよく見たという。

「山はユートピアを生む。今獄中にある彼を、色々の煩悶は闘争の世界から遠ざけて静かな山に連れて行く。それから夫へと夢想して行く。菅平の様な奥地で、世間を離れて開墾事業に従事したらどんなに愉快であらう。先づ三丁歩も、それを徐々に切開いて、しかも真黒になって労働に従事する。そこには創造的農業、芸術的農業が展開さるゝ、それは土に還る生活だ。こういふ夢は、毎日小野に繰返されて居た。[31]」

近代人が傷ついた肉体と精神を癒す場は、将来ありうるかもしれぬユートピアの場合もあるが、これまでに通り過ぎ、経験してきたあの山、あの川、あの土のある故郷の風景の方が、より具体性を持ち、より現実性を伴うものとなる。どれほど貧困と矛盾に満ちた農の世界も、傷口を癒してくれる空間としては十分な機能を果たすのである。美と郷愁と慰労が、汗も血もぬぐい去ってくれる。つまり村落共同体から毒気という毒気は、すべて抜き取られ、山紫水明の空間があるだけのものとなる。貧は美と化し、糞尿の悪臭は香水のかおりと化す。ふるさとを唄いあげた文部省唱歌も大いにその役割を果たしていたのである。[32]ふるさとと農本意識は結びつき、皇国農本建国論は国是となってゆく。小林にも農本主義的精神が根底を流れている。転向と農本主義との関係は極めて強いものがある。つまり農本主義的感情は、転向の大きな動機となるということであった。転向者ならずとも、多くの知識人が、わが闘争に破れ、傷つき、また学校という場で学んだ近代的「知」の限界とその傲慢さ、無効性を知った時、彼らは農の世界、土の世界に降りていったのである。ここには、あらゆる辛酸を洗い流し、溶解してくれる空気があった。階級的闘争も、貧のリアリティーも、猜疑心も、すべて溶かしてくれる魔法の器として、農の思想、土の思想はある。

抽象的相対主義とニヒリズムの不安のなかで、身の置きどころを失ってしまった人たちにとって、この農や土への回帰する思想は、とにもかくにも絶対的価値を持ちえたのである。[33] 小林は当然のことながら、農民に最高の価値を与えて次のようにいう。

「私は農民が国家的要素として最も重要なる役割を果たして居り、…（略）…其は直接生産に携って居るのみならず、国家の物質的な力（即ち国防武力）は農村出身の人に依って大部分支えられて居ると云ふ事実は、農村の健全なる発展なしには日本国の健全なる発展はあり得ぬことを示すものである。それは殊に日本精神の本質的なものを（即ち家族精神）最も多く具現して居る。[34]」

ここに来て、小林の精神は安定し、純粋にして無比の再生を期す覚悟が生じたのである。

次は家族、郷土とならんで、その延長線上にある民族、国家への認識の変容である。それまで階級的視点にのみ眼を奪われ、攻撃の対象としてしか見なかった民族的心情や天皇制が、じつは多くの日本民衆の心情と密着していることに小林は気づいたのである。抽象的人類史、階級闘争史における己よりも、具体的日本人としての現実的存在に視点が移行してゆく。共産主義運動を通じ、世界国家の平和を願うことは間違いではない。しかし、静かに己の現存在をふりかえる時、小林はどこまでも日本人であり、天皇制国家の一員で、その意識は、深い心層の部分に宿っていることを改めて知る。次のような意識の転換を余儀なくされる。

「世界国家は人類の理想であるが、今急に実現さるゝものではない。吾々日本人は、日本と云ふ国土を三千年の歴史を持って、その上にはじめて吾々の存在的事実があるのだから、先づ日本人たることを基礎として考へ行動せねばならぬ[35]。」

「万国の労働者団結せよ！」は立派なスローガンである。しかし、それぞれの国がそれぞれの歴史的特徴を持っていて、宗教も政治も文化もそれぞれ固有のものを有している。世界人類を画一的目標に向けて束ねることなど、所詮無理な注文ではないか。やはり祖国のために、ということに傾斜してゆく己の心情を認めざるをえない小林であった。日本人の一人としての忠誠的感情を放擲してまで、闘って獲得するに値する崇高なものが、この世に存在するとは思えないし、共産主義が高唱する絶対的理想的社会など、現実世界に存在するものではないと、彼はこういう。

「宇宙にも陰陽のある様に、国家にも絶対的な社会状態はあり得ない、皆相対的なものだ。…（略）…従って絶対的な共産主義の社会は成立しない[36]。」

日本悠久の歴史も現実世界も把握する努力を怠り、革命だの、絶対的共産主義だのと叫んで拠所にしていた空虚な理論が足元より崩れてゆくことに、人は気付く時がある。抽象的世界永久平和を願い、そのための闘争ゆえ、次々と貧窮し、倒れてゆく家族や、民衆の日常を眼にする時、この運動は、真に己の血の部分から湧出するものに基づいているのか否か、という不安に襲われる時がある。このことを無視して行う運動の帰着するところは、自爆か転向以外にはない。

前述したように、吉本隆明が、転向は「日本の近代社会の構造を、総体のヴィジョンとしてつかまえそこなったために、インテリゲンチャの間におこった思想変換[37]」だといったのは、けだし当然のことであった。金科玉条のごとく信奉していたコミンテルンの方針に強い疑念を抱き、これまで軽蔑していた民族や国体の問題が、小林の心中を俄かにとらえはじめるのであった。

階級的視点に立脚し、同志を裏切ることなく生き抜くか、それとも、日本人として悠久の歴史に生きるのか、これは獄中の小林にとって難問中の難問であった。

生涯をこの共産主義運動に捧げることを一度は決意した小林にしてみれば、この崩れゆく己の姿に無念の思いを抱くのは当然のことである。弾圧を恐れ、安全地帯に逃げ込もうとする彼は、周囲から聞こえてくる「卑怯者」との罵声に、ただただ踞るばかりであった。

「あゝ全国の労働者農民は何と云ふだらう。長野県の小野と云ふ奴は、労農党の中央委員にもなって居るくせに、あの階級的な行動を傷つける陳述は、彼は弾圧に恐れて、無産階級を裏切ったのだ。小野は其の声を幾回も自己の心の内に聞いた、これは恐ろしい声であった。彼の心は掻き乱された[38]。」

同志に対する裏切りという罪の意識、家族への熱い思い、日本人としての自覚など、小林は千々に心を砕いた。不眠症に襲われ、廃人同様となった。獄中で彼は、ついに自殺を計画し、実行に移すが、死に至ることは出来なかった。

この自殺計画に象徴されているように、一時は己の存在そのものが許されず、消え失せることによってしか現実を回避する方途はないところまで、小林は追い込まれていたのである。この瀬死の状態を救ったのは、教誨師藤井恵照の宗教的指導であった。この宗教体験を通じて彼は転向を徹底的なものにした。この藤井の教誨によって、小林は罪深い己を知り、いかなる償いによっても償い切れない罪をわがものとしたのである。ただただ、己の無力、無効を恥じ、認識し、絶対者にすべてを委ねるしか道のないことを悟った。共産主義に絶望し、親鸞に心酔してゆく小林の姿がここにはあった。己のすべてを如来に預ける以外に道はない。正義のため、世界全体の労働者、農民のためと称し、救世主のつもりになって行動してきた己の自力など、いかほどのものでもないことに小林は気付いた。愛する家族さえ救済出来ぬ正義とは何か。後生大事にしてきた己のプライドなど、単なる幻想で、そのようなものはすべて捨てて、無力な己を如来に委ねる道を彼は歩むことを決意する。『歎異抄』、『教行信証』などが彼の周辺にはあった。念仏三昧の日が続く。教誨師藤井に、小林は如来の顕現を仰ぎ見る思いがしたという[39]。

共産主義、およびその運動は絶対的正義であり、世界人類のためであり、己はその聖なる運動の指導者であるといった意識が、いかに傲慢なことであり、それがまったくの幻想であるとの思いに小林は到達した。現実世界に完璧な人間の善なる行為などありはしない。彼はこういう。

「聖人は此の吾々を究明して行く時に、如何なる万行諸善も、其の完璧を期することが出来ぬことを知った。即ち『万のこと、みなもて空ごと、たわごと、まことあるなし』を十分に認識されたのだ。吾々の此の人生に於て、人間の行為に於ては、如何にそれが善事であっても、それだけでは駄目なのだ。否却って自己の力を信じて居る所に破綻が来るのだ[40]。」

　こうして小林は、清沢満之が知および肉体による徹底化ののちに到達したように、自力というものの無力、無効を徹底的に教えられ、如来になにもかも預けることによって、精神の安定を獲得するところに到達したのである。獄中での体験、獲得した宗教について彼は次のようにのべている。

「宗教とは、現実の不完全なる我を否定し、仏者の世界、即ち彼岸の世界――完全なる世界――への不断の進展そのものを云ふのではなからうか。従って宗教とは、彼岸への憧れである。欲望である。人間が完成されたものでない以上、常に永遠の生命と、限りなき光明への到達を望んでやまぬものである。(41)」

　刑期を終え、出獄した小林は、今後、共産主義運動、農民運動といった反権力、反国家的行動は、すべて中止するといったような、消極的姿勢ではなく、他人に転向をすすめ、また、転向者の将来について懸命に援助活動をするといった積極的方向へゆくのであった。国家権力によってつくられた更生保護団体である帝国更新会での活動、その内部に設置された思想部の責任者としての懸命な努力によって、彼の転向は完成するのである。

　わが信念に基づいた反体制的運動家が、国家権力の弾圧に敗北を喫し、獄中で転向して、体制擁護派の人間として再生するという、方向転換を、小林の無節操、臆病、偽善と呼ぶことは、それなりの正当性を持ってはいる。しかし、そのような結論づけだけでは、思想的に小林を見たことにはならない。ともかく、帝国更新会における小林の仕事ぶりに注目しておこう。そもそもこの帝国更新会なるものの正体は何なのか。ここでの彼の活躍こそ、転向の完成とかかわるものとなる。共産主義から身を引くことを決意しただけでは、転向は完成したことにはならない。二度とそのような行為を繰り返さないよう、体質改善をし、その上で、積極的に国家体制に協力することが必要であった。厳罰を課すだけで、転向さすことが成功するはずはない。「アメ」と「ムチ」は、政治支配の常套手段であるが、この帝国更新会は、まさしく前者であった。小林は帝国更新会をこう説明している。

「いままでの保護団体は、刑余者の保護に重点をおいたいわゆる免囚保護事業であったが、新しく猶予者の保護事業の分野をも開拓したのである。家族主義に基づいて、役員も保護される者も一つの家族であるとし、互いに助け合って更生を計ることを保護の根本理念としたのである(42)。」

小林がこの帝国更新会にかかわったのは、昭和六年の仮釈放になった直後からであり、この時点で、彼は新しく人生のスタートを切ったのである。昭和九年には、この帝国更新会に、新しく思想部が独立したかたちをとって発足した。彼はその責任者となって活躍することになる。

思想事件関与者が就職難を極めるなか、小林は当人およびその家族に対し、就職の斡旋、生活の援助など、己に可能な限りの力を捧げたのである。帝国更新会の思想部の事業内容は次のようなものであった。

「A、在監中――未決又は既決中の思想犯人並其の家族の救援

B、釈放後――①就職並授産の斡旋並職業補導（就業技術及知識の再教育）、②就学、復校、勉学の斡旋、③寄宿舎並療養の設備、④修養会、座談会、講演会の開催、⑤結婚の斡旋、転向者家族の保護、⑥恩賜記念農場の開設、⑦警視庁並所轄署との連絡、⑧弁護士の紹介斡旋、⑨修養、研究、娯楽、図書の設備[43]」

これらの事業の内容は、あらゆる運動家およびその家族の日常から将来にわたる総合的支援にかかわるものとなっている。小林の日常は多忙を極めることとなる。彼はやがて、大孝塾[44]に関係し、さらにそれを発展させ、国民思想研究所の主事となる。「転生」（のちに「国民思想」）は、その機関誌であった。「転生」発刊に際しての「辞」に注目すべき文言がある。その一部を引いておこう。

「我等は過ぐる昭和年間、共産主義が幾多の誤謬を有したるにも拘わらず、日本思想界に多大の影響を与へ、且つこの運動に従事したるものが救世的情熱を以てその全生命を傾倒した事実を想ふ時、更に彼等が日本国民としての真の自覚に立ち、自己の完成を期すると共に、再びその全精力を傾注して国運の発展に献身し、以て奉公の誠を致さんことを切念せざるを得ない[45]。」

これまで、共産主義運動に全生命を傾注してきた人間であればこそ、そのエネルギーを国家体制擁護、尊王国家発展のために使用するならば、彼らは極めて大きな貢献をするであろうというのである。小林も共産主義運動に専念し、しかるのちに転向した人間である。そうであればこそ、今日の己があるという。獄中生活は、彼にとって修養の場であり、人格陶冶、新たなる自己発見の場であった。転向の前も後も、小林の精神の深層は変るところはない。反省を繰り返し、誠実に、ひたすら他人のために活動をしたのである。

転向後の帝国更新会などを通じて、小林に救済された人は多い。裏切者、卑怯者、権力の手先などと陰口をたたかれながらも、彼はそういう人にも救いの手をさしのべている。この行為は、もう、ほとんど宗教的営為といってよかろう。石堂清倫は小林のこの行為を次のように評している。

「一部の人は小林を司法権力の手先として非難した。しかし彼はこれに対し、一言も弁解を試みたことはない。彼は前後数千名の転向の世話をした。そこに集まる人が、彼を利用するだけのものであろうと、不純な動機によるものであろうと、一切差別をしなかった。その心情や決意を一度も問いただすことはなかった。無条件ですべての人に接した。彼のため生活をたてることのできた人は多いが、(46)」

この無償の行為遂行に到達するまでに、小林は幾多の経験を積んできたが、なかでも獄中での教誨師との出会いを通じての宗教体験は、彼をして無の世界に突入させ、自力の無効性、他を責めることのむなしさを悟る境地に立ち入らせたのである。

獄中での拘束された生活は、共産主義との決別ということを、はるかに超えて己を知り、己の無力さを自覚し、大いなる力へ己を委ねる以外に生きる道のないことを発見する時間であった。従って、小林にとって転向とは、「単に向を変へたと云ふ様な生易しいものでなしに、それは、宗教的な意味で云ふ再生とか、新生とか転生とかと云ふ言葉の方が正しいのではないだろうか[47]。」ということになるし、また、「共産主義者にとって、拘禁生活と云ふことは、じつに自己を批判する絶好の機会であったのである。[48]」ということになる。

この小林の歩んだ道は、荒ぶる霊が幾多の変遷を重ねて、ついに和霊へと変容してゆく過程のようにも思えてくる。国家権力にとって小林ら共産主義者は決して許すことの出来ない、反権力的集団であり、追放すべき集団であった。しかし、小林がこうして検挙され、転向し、国家体制に積極的に協力してゆく姿をみる時、これは日本的土壌から生れた反王権の歴史そのもののようでもある。

王権というものが長期にしかも広範囲にわたって、その体制を維持、強化してゆく際に、欠かせないものの一つに、王権そのものへの攻撃の許容とその懐柔策がある。王権が、かなりのところまで批判、攻撃され、追い詰められるという激しい憤怒とそのエネルギーを、王権自体が必要とするということである。一般的通念となっている反倫理的行為、反モラル、反人道的行為を王権は欲しがる時がある。王権という怪物はいつも春風駘蕩する環境のなかで、農耕儀礼に明け暮れしているわけではない。怨霊に戦慄しながらも、時としてその存在を許し、逆にそのエネルギーを栄養分として、強く、大きく、生気あふれるものになってゆく。怨霊の側からいえば、当初は王権に絡み、それを窮地に追い込むこともあるが、究極的には、王権と握手する。怨霊、荒ぶる霊は遂に和霊となり、霊験あらたかなる神として丁重に祀られることになる。

小林は遂に、国家権力が最も欲しがる和霊に転化していったのであろうか。それでも、王権は彼から監視の眼を逸すことはなかった。しかし小林は、もうそういう地点からは、はるか遠くの世界で呼吸していたのである。

注

(1) 思想の科学研究会『共同研究・転向』(上)平凡社、昭和三十四年、二四頁。
(2) 同上書、一頁。
(3) 同上書、同頁。
(4) 同上書、同頁。
(5) 同上書、三頁。
(6) 同上書、五頁。
(7) 同上書、六頁。
(8) (『　』)は引用者。
(9) 同上書、六頁。
(10) 本多秋五『増補・転向文学論』未来社、昭和三十九年、二三九頁。
(11) 同上書、二四八頁。
(12) 同上書、二一六頁。
(13) 同上書、同頁。

(14) 同上書、同頁。
(15) 吉本隆明『吉本隆明著作集』(13) 勁草書房、昭和四十四年、六頁。
(16) 橋川文三『歴史と体験』春秋社、昭和三十九年、六六～六七頁。
(17) 荻野富士夫『思想検事』岩波書店、平成十二年、六八頁。
(18) 小林杜人『「転向期」のひとびと』新時代社、昭和六十二年。
(19) 小野陽一(小林杜人)『共産党を脱する迄』大道社、昭和七年。
(20) 同上書、二〇頁。
(21) 同上書、二六頁。
(22) 同上書、四四頁。
(23) 小林杜人『「転向期」のひとびと』、二〇頁。
(24) 小野陽一『共産党を脱する迄』、五二～五三頁。
(25) 小林杜人『「転向期」のひとびと』、二二頁。
(26) 小野陽一『共産党を脱する迄』、一〇頁。
(27) 多くの資料がそのことを裏付けているが、橋川文三の指摘をあげておこう。「いわゆる転向の動機としてもっとも多く見られるのは『近親愛その他家庭関係』の動機であり、それにつづいて『国民的自覚』であったことは各種の資料から明白に知られている事実である。」(『標的周辺』弓立社、昭和五十二年、一五八～一五九頁。
(28) 小野陽一『共産党を脱する迄』、六九頁。
(29) 橋川、前掲書、一三七頁。

(30)小林杜人編・著『転向者の思想と生活』大道社、昭和十年、一五頁。
(31)小野陽一『共産党を脱する迄』、六六〜六七頁。
(32)文部省唱歌とふるさとの関係を鋭くついたものに松永伍一の『ふるさと考』(講談社、昭和五十年)がある。
(33)しかし、このことは近代への反逆のように見えはするが、結果的には体制内に吸引されてゆく運命を辿った。私はこうのべたことがある。「近代日本の知識人の多くにとって、帰農は具体的に農業や農村に帰ることを含みながらも、それ以上に観念世界での農に寄り沿おうとすることであり、米づくりの国への回帰を願うものであった。…(略)…しかしその営為の果てにもたらされたものは、現実回避と自慰行為の拡大のみであり、近代を総体として問い、それを真に超えるものではなかった。」(『近代日本思想の一側面――ナショナリズム・農本主義』八千代出版、平成六年、二五四頁。)
(34)小林杜人編・著『転向者の思想と生活』、四二〜四三頁。
(35)小野陽一『共産党を脱する迄』、八〇頁。
(36)同上書、同頁。
(37)吉本隆明、前掲書。
(38)小野陽一『共産党を脱する迄』、八三頁。
(39)この時の小林の心情に注目して、石堂清倫は次のようにのべている。「小林が獄中で、死をもってこれまでの共産主義思想と訣別をはかり、一転して親鸞により回信をとげた。それは刑務当局の心証をよくしたり、刑の軽減を期待しての策略ではない。罪ふかい己れが絶対者である仏陀によって救われたという信念に達したのであろう。」（『異端の視点——変革と人間と』勁草書房、昭和六十二年、三一七〜三一八頁。
(40) 小野陽一『共産党を脱する迄』、一五六頁。
(41) 同上書、一八〇頁。
(42) 小林杜人『「転向期」のひとびと』、二八〜二九頁。
(43) 同上書、六四〜六五頁。
(44) 大孝塾とは次のようなものであった。「三菱合資株式会社であったと思うが、思想転向者の更生保護事業のために多額の寄付金が司法省に寄せられた。当時の司法次官、皆川治広がこれを基金にして、大孝塾研究所を創立したのである。」（小林杜人『「転向期」のひとびと』、一二二〜一二三頁。）
(45) 同上書、一二七頁。
(46) 石堂清倫、前掲書、二三八頁。
(47) 小林杜人編・著『転向者の思想と生活』、五頁。
(48) 同上書、六頁。

主要参考・引用文献

小野陽一（小林杜人）『共産党を脱する迄』大道社、昭和七年
小林杜人編・著『転向者の思想と生活』大道社、昭和十年
久野収・鶴見俊輔『現代日本の思想』岩波書店、昭和三十一年

思想の科学研究会『共同研究・転向』（上・中・下）平凡社、昭和三十四年〜同三十七年
橋川文三『歴史と体験』春秋社、昭和三十九年
本多秋五『増補・転向文学』未来社、昭和三十九年
藤田省三『天皇制国家の支配原理』未来社、昭和四十一年
磯田光一『比較転向論序説――ロマン主義の精神形態』勁草書房、昭和四十三年
藤田省三『転向の思想史的研究――その一側面』岩波書店、昭和五十年
安田常雄『日本ファシズムと民衆運動』れんが書房新社、昭和五十四年
中嶋誠『転向論序説』ミネルヴァ書房、昭和五十五年
近藤渉『〈日本回帰〉論序説』ＪＣＡ出版、昭和五十八年
小林杜人『「転向期」のひとびと』新時代社、昭和六十二年
石堂清倫『異端の視点――変革と人間と』勁草書房、昭和六十二年
鍋山歌子編『鍋山貞親著作集』（上・下巻）星企画出版、昭和六十四年
石堂清倫『中野重治と社会主義』勁草書房、平成三年
坂本多加雄『知識人――大正・昭和精神史断章』読売新聞社、平成八年
荻野富士夫『思想検事』岩波書店、平成十二年
鶴見俊輔・鈴木正・いいだもも『転向再論』平凡社、平成十三年

第二章　横田英夫試論

農業、農村を重要視し、また、それを擁護しようとする思想の歴史は古い。農業生産がその国家、社会の経済的基盤となっている場合、時の為政者ならずとも、その国家、社会を構成する人間にとって、農の重視は極めて自然の感情といえよう。問題は、その基盤が揺らぎ始め、社会、国家の価値基準に異変が生じ、資本の論理が浮上し、確立し始めてゆく時、農を中核としていた諸々の価値を擁護・保守しようとして農本主義が台頭してくるということである。農を中核として完成されていた価値を破壊し、剥奪しようとするものに対し、農の思想は、防御の姿勢をとり、ある場合は鋭い牙をむく。防御、攻撃の手法はそれぞれの時代的状況に拘束され、さまざまな型をとることはいうまでもない。

日露戦争を契機として、日本は次第に農業国家から工業国家へ転換してゆくことになったが、この時期における農の保護的主張、あるいはポーズとしての農業重視の高唱、また、昭和恐慌期から第二次世界大戦にかけてのファナティックなものなど、その色合いはさまざまである。そして、農業人口は激減し、農業そのものが壊滅状態にある今日、農は「自然」、「環境」に置換され、それらを破壊してゆく文明への反動として、また、資本の論理貫徹がもたらす窮極の人間疎外に対し、人間性の復権を希求する足場としての村落共同体への郷愁などが、混然となって、農、土、環境、自然への関心は極度に高揚してきている。

これまでに登場した農本主義は、それぞれに特徴を持ってはいるが、それらを統合して共通したものをとりだせば、次のようなものとなるであろう。

①農業生産、とくに稲作によるそれが、人間生存の大本であり、それは天皇制国家の支柱となるものであるとの認識。
②西欧的物質文明、機械文明、都市文明に対する激しい反対感情。
③社会主義、共産主義に対する徹底的排除の姿勢。
④農村内部の諸矛盾を隠蔽し、村落共同体を春風駘蕩する非政治的空間として把握する。
⑤農村自治（社稷自治）を主張しながらも、それが決して反中央、反国家の思想にまで到達することなく、逆に、強力な中央集権的国家の形成に寄与することになる。

ここに取り上げようとする横田英夫（明治末期から大正にかけ、新進農政評論家として活躍し、一次帰農して、土の生活を希求するが、その後、岐阜の地に赴き農民組合運動の指導者として最期をとげた。）は、これらの基本的特徴のいくつかを持ち合わせながらも、農本主義者としては、極めて異色の存在であった。それはひときわ目立つ農民組合運動の指導者としての顔である。阿鼻叫喚的農村の窮状に同情し、農村、農民的国家のために、国家革新の火ぶたを切ろうとした人物はいるが、横田の場合、そういう政治運動ではなく、岐阜県での中部日本農民組合の長としての活躍である。

本稿では、彼の著作に見られる農政思想の解明と、農民組合運動における彼の役割と実績を検討し、思想と運動との微妙な問題に触れてみたいと考える。

1 天皇制国家の尊重と農本主義

横田英夫は、まぎれもなく、尊皇愛国主義者であった。中部日本農民組合の基本的理念としても、そのことを強力にうたっているほどである。彼の著作の随所に見られる愛国、憂国の情と農村、農民とのかかわりのいくつかを拾っておこう。

「愛国的観念を中枢とした剛直なる精神は、実に農村に依って養はれたのである。長久二千年の歴史を辱しめざりし偉大なる国民的元気は、実に斯くの如き農民の集合した農村から煥発したのである。観よ吾が国光の煥発、吾が国威の宣揚、一として農民の興らざるはなく、吾が国体の精華、吾が国民の光栄、一として農民の荷はざるものはないではない乎。吾が二千年の歴史は皇室を中心としたる一大家族である。而して農民は実に此の光輝ある歴史の創造者である。[1]」

いま一つあげておこう。

「吾人は唯一言にして悉す。此愛国的精神の涵養地は、健全なる中堅として国脈を支へ来りし農村なり。其護持者は農村の維持者たる農民なり。換言すれば、農村は実に愛国的精神の涵養地にして、農民は実に其護持者たり、権化者たり。(2)」

いついかなる場合も、農民、農村は愛国の基盤となるもので、皇室を中心とした日本は常にこのようにしてあったという。この愛国的精神は、横田の固い信念であり、彼の生涯にあって変わることはなかった。したがって、農の繁栄は国家の繁栄光輝であり、逆に農の衰退は国家の衰退となる。豊葦原の瑞穂の国日本は、農をもってその本質となし、天皇制国家そのものである。皇室の悠久の歴史こそ、日本の誇りとするものである。

この農を中核とする生産中心的健全文明に対し、私欲、消費、政争の渦巻く都市の商工業文明を横田は唾棄する。都市は農村の生き血を吸う吸血鬼で農村搾取の上に咲く徒花である。虚偽、腐敗、堕落、強奪、殺人の場が都市で、そこには倫理、道徳、人情、信頼のかけらもないという。「高工業の発達する所には蜂の密に集ふように不健全な人間が増加する。否商工業其のものが或る意味に於て人間を不健全化して居る。(3)」と、辛辣な商工業批判を行う。また農村をこよなく讃美し、都市に対しては次のような暴言も辞さない。

「都会は人間と人間の争ふ陋巷で、農村は自然が人間を陶冶する楽土である。都会の闘は人間の醜き小我を露はす排済が行はれ、農村の闘は平和にして厳粛制裁ありて慈撫ある大自然の威力に対し、人間の不断の努力が現はれる。都会は人間を惨虐ならしめ、冷酷ならしめ、卑怯ならしめ、自己的ならしめる。(4)」

この都会と農村を対立させ、農村内部の諸矛盾を隠蔽しようとするのは、多くの農本主義者が共通して力説するところであって、横田だけのものではない。明治二十七年から大正十一年まで東京帝国大学農科大学教授を務めた横井時敬なども、同様の認識、見解を持っていた。(5)ともかく農業は、商工業と違い、立国の基盤で、金銭追求の世界からは遠く離れたところに、その存在理由を持っている。都会は革命の製造所であるのに対し、農村は反革命、自然的社会秩序維持が行き渡っている非政治的空間であるという。

農業は人間生存のための基本的食糧を供給するものであるが、農村は健全な国民を生産する場で、愛国、憂国の精神を醸成する場だと横田はいう。その国家の根幹となるべき農村の現状は如何。横田は農村の現実を次のように分析する。

2　変容する農村への眼

農を大本とする農本立国日本の現状はどうか。横田は窮乏化の極限を日本農村に見る。彼は詳細な統計数字を披瀝し、地方長官ともよく面談し、意見を聴取している。農民の日常的心情によく通じているはずの地方在住の長官にしても、その農村疲蔽の実態認識度には、寒心を抱かざるを得ないという。

論壇を席巻する評論家たちも、その多くは問題の本質の究明もなく、危機と救済を絶叫しているにすぎない。

「今や天下の人を挙げて農村問題を口にす。然り唯口にするのみ。真に口にするのみ。…（略）…彼の春陽の旦を鶯が梅枝に囀づり、秋風の夕を鴉が老樹に騒ぐと何の選ぶ所ぞ。そこに何等の熱情なく、そこに何等の誠実なし。由来誠意なき喉頭三寸の議論は、百千人を合するも何等の力なきことは、言論の威力を経験したる者の普ねく知る所なり。」(6)

横田はこの不満は、彼の論壇デビュー作である「東北虐待論」(7)においても、すでに強説していたところである。

もはや、人間の生活とはいえぬような日常性のなかで呻吟する農民が、どうしてよく光輝ある伝統の国、日本国家を支えきれようか。農民はいまや、亡国の民と化している。横田は悲痛な声をあげる。

「噫、亡国の民を観んと欲せば、乞ふ去って農村に往け。薄暗き手洋燈の影に煤煙を避けつゝ喪心枯衰、壮令にして恰も死影の如く腕組める男と、毛髪梳らず、泣き叫ぶ三、四児を擁して痩顔窶頬、夫の顔を見ては歎息を洩らす女との、顔に生気なく、血色なく、希望なき惨ましき面影を見ることを得む。之れ亡国の民なり。面して之れ実に農民なり。」(8)

こういった窮状のなかにある農村において、とくに中軸となり、国家の支柱とならねばならぬ

「自作農」の没落は、国家最大の憂事だと横田は考える。「自作農」没落の趨勢は、国家滅亡の前兆以外のなにものでもない。横田の心中をとらえて離さぬものは、まさしくこの「自作農」中心の理想的空間であった。

「吾人が自作農階級の滅亡を目して、直ちに農村滅亡と嘆じたのは実に之に因るもの、新しき農村の如何なるものかを実見せざる吾人は、農村と云へば必ず健全なる自作農家の集合したるものと信じたればなり。[9]」

「自作農」が雪崩をうって滅亡してゆくことは農業、農村を大本とする瑞穂国家の一大有事ではあるが、しかしこの勢いは燎原の火の如きもので、誰れも止めることは出来ない。悲鳴や焦燥は要らぬ、この現実を直視せよ、と横田はいう。

この「自作農」の没落、崩壊は、新たな農村の姿を誕生させる。つまり、「自作農制度」は消え、「小作制度」がはびこる。これを横田は農村革命の第一段階、つまり第一過程と呼ぶ。第一過程を彼は次のように説明している。

「所謂農村革命の第一過程なるものは、自作農制度に代ふるに小作農制度を以てし、自作農民に更ふるに小作農民を以てしたり。換言すれば、革命前に於ける農村の中堅は自作農階級なりしに対し、革命後に於ける農村の中堅は小作農階級に移れり。然らば此小作農制度とは果して如何なるものなる乎。革命されんとする新農村を想像せんと欲せば、先づ第一に之を研究せざる可らず。[10]」

やがて日本の農村は、このように「地主」と「小作農」という二つの極に分解するというのである。横田の心中には、土への愛着こそが、忠君愛国の心情を生み出し、光輝ある日本を担うはずのものであるとの強い思いがあった。土をこよなく愛し、それを基盤として氏神が生れ、村落共同体への愛情が醸成されてくる。しかもそれは連綿たる様相を呈する。この土への愛が郷土愛を生み、さらに国家への愛に延長し、拡大してゆくというのだ。

土への執着と愛国の情とのかかわりを横田はこういうのである。

「按ずるに吾国民の愛国的精神の起源は、勿論太古建国の鴻業を完成せる神族的意識にあるべしと雖ども、之れを顕発して愈々民性に植えたるものは、実に是れ吾が国なり是れ吾が土地なりと云ふ所有の観念に出発したる土着的感情に外ならず。此の〝神子の創造せる地は即ち吾が地なり、此の所有者は即ち吾なり〟と云ふ愛地的観念は、同時に同胞的結合を堅くせしめて、土地を愛し、土地を譲ることを誓はしめ、永く努力懸念せしむるは当然にして、即ち国家を形造りて愛国的精神となれるものにあらずや[11]。」

「自作農」層が耕作する土地こそ、日本国家の伝統を護持するもので、このことは建国以来の不断の義務でなければならぬ。土は穀物を生み、愛国の精神を生む。横田の信念はここにある。

地主がいて、「自作農」がいて、「小作農」がいるという農村の姿は、やがて「大地主」と「小作農」という二極化現象を横田は農村革命の第一過程と呼んだのであるが、彼の農村革命はこれで終止符を打つのではなく、更に第二過程が待っていた。「大地主」層はやがて土地資本家という存在になり、「小作農」は農業労働者になるというのだ。つまり、資本家と労働者に類似した関係が生れるというのである。横田の認識と予見の甘さが露呈してはいるが、彼の予見の内容をここに紹介しておこう。

横田によれば、「地主層」と「小作農」という関係は崩壊し、「農場制度」というものが生誕するという。その根拠はこうだという。

「地主と小作人とが所謂不利の衝突に苦しめられたる際、小作農民は小作するよりは寧ろ労銀を得る労働者の安全確実なるを思ひ、地主も亦小作に出すより農業労働者を傭うて自作するに如かずと感じたりとせば、之れ両者自ら望む所に走るもの、而して其の走り着きたる点は、雇はれんとする労働者と、傭はんとする地主との邂逅となり、茲に小作農民は欲する所の農業労働者たり、地主も亦志す所の自作農、或ひは農場所有者たることを得ればなり。[12]」

この段階で、横田の描いた農村革命は一応終結することになる。その後の農村はどうなるか、それは、「巨大なる土地資本家と蟻の如く群がる農業労働者によって埋められむ。[13]」ものとなるという。このことの正否、喜悲は不明だとする。

3　帰農の唄

明治四十四年、若干二十一歳の横田は、『東京朝日新聞』に、「東北虐待論」を連載し、また、翌年にも同じ新聞に「農村滅亡論」を掲載して新進気鋭の農政評論家としてデビューしたのである。この二つの連載をはじめとして次々と著作を公にしていった。大正三年には、『農村革命論』と『農村救済論』、大正四年には『日本農村論』、大正五年には『農村改革策』といった具合である。

若くして評論家の地位を確立したかに見えた横田に異変が生じた。彼はこの文筆活動をやめ、突如として福島県耶麻郡熱塩村に帰農したのである。複雑な心理的葛藤があったに違いない。帰農を決意した動機を含めて、彼は『読売新聞』に、大正六年七月十七日から、同年十一月十三日という長期間、「農に帰らんとして」の連載の機会を得ている。この「農に帰らんとして」には、これまでの著作と違って、横田の農を中心とする哲学、思想的色彩が極めて濃く表出し、土への回帰、農への回帰が高唱されているように思える。つまり、彼の内部生命への傾斜がよく表現されている。

周知の通り近代日本の多くの知識人が帰農の唄をうたった。彼らは大都市の空虚な絢爛さや汚濁に満ちた空気に疲れ、また、己の極限的苦悩の解消からはほど遠いヨーロッパ的近代知に絶望し、原初的生命の息吹を求め、またそこに癒されんことを願いつつ土への回帰を企て、寸時の恍惚感に酔ったのである。土着的アナーキストもいれば、ロマン主義者も、国家革新の夢を追う人もいた。トルストイ、クロポトキンらの名が飛びかった。

横田の帰農の動機を見ておこう。

「私は何故に帰農を決行せるか。一言にして之れを尽せば、私は何等累せられず、侵されず、静に、深く、私の会心する真実の生活を歩まんが為である。唯、之れだけの願からである。唯、之れだけの願ひであるが、私に取っては此の願は、世界の如何なるものとも交換することの出来ないほど尊い、且つ大なる願である。若し此の大願にして成就するならば、私は、私の有する一切のものを代償しても惜しくない[14]。」

ここには横田のこの時期での決意の中核となるものが、よく表明されている。彼はこの決断を己の「生活革命」と呼ぶ。

農村問題を貧富、つまり経済問題だけに限定して論ずる手法によっては、解決し得ない人生問題が横田の胸中に、飛び込んできたのである。帰農のためなら一切を放擲してもいいとまでいうのである。己のこれまでの人生を無為の二十九年といって彼ははばからない。

どれほどの資産を持つか。どれほどの稼ぎがあるか、といった問いを排し、そもそも人間のあるべき姿とはなにかを問わずして、なんの人間ぞ、といった具合である。いかに多く持つかを、どれほど問いかけ、解明に向けて奔走しても、それは所詮、資本主義経済のなかにおける量的問題でしかない。たしかに、経済的疲弊は、生命維持にとって決定的問題ではある。国家の支柱たるべき農民の経済生活が破滅的状況である時は、その国家の将来などはないということにもなる。

もちろん横田がそのことに無関心でいたわけではないし、それはこれまでの著作によって明らかに証明されている。しかし、そのことの重大さを知りつつも、そのことによっては、救済されぬもの、解決不可能なもの、つまり魂の問題を横田は発見したのである。

いわゆる所得獲得ということは、生きることの手段ではあっても、そのことに人生の目的があるわけではないと、横田は次のようにのべている。

「私が農民の生活に依って感発されたことは、人間としての真実の生活は『如何に持つべきか』と云ふ欲望を充たすことではなくて『如何に在るべきか』と云ふ志向を正すことを順序として、始めて格り得ると云ふことであった。『如何に持つべきか』と云ふ思慮も無用ではない、が所詮、夫れは生活の手段を豊富にするだけであって、決して生活の目的を指定すべきものではない。生活の目的は必ず『如何に在るべきか』と云ふ思慮の指揮を受けなければならぬ。(15)」

「食えぬ」という現実を無視して、「如何に在るべきか」を問うことは、貧困に対する許しがたき暴言ではある。清貧に甘んじてこそ「良民」だなどという発想を無条件に許してはならない。農の世界は、排金主義、利害打算で生きる世界とは次元が違う、という声も、そう簡単に許してはならない。

このことを知的には理解し抜いていた横田が農の特権をいうのである。彼が農民から学んだ最高のものは、土に執着する人間の「特権」ということであった。土着して生きる人間の人生には、他の職業では味わえない充実したものがあり、それを極度に憧憬し、帰農を決意したというのだ。土地制度の矛盾、貧困はどこへいったのか。従来の著作からは大きくかけ離れた発言に終始することになる。

横田は、「資本主義拒否」を宣言する。資本主義経済のなかで生息している人間が、それを拒否するとは、いかなる謂か。そのことの現実的不可能性を横田が知らぬではない。しかし、貧の発生根拠から遠ざかり、それを回避して生きることを彼は主張しているのである。

「私共が貧から脱れる途は何かと云ふに、其の唯一の途は、私共の生活に於いて、貧の発生する原因に遠ざかることである。一層明瞭に云へば、私共は其の思想と生活とに於て、資本主義を拒否し回避することである。(16)」

横田は心の問題、精神の問題をいっているのである。資本主義経済によって腐蝕してしまった精神、つまり拝金主義的心理を叩き直し、道徳的生活改善を断行するところに帰農という現実があるとする。

「私の生活の改造が、私の道徳的完成にのみ依って遂げ得るを信ずる私は貧を脱れる唯一の途として、正しい生活を営む唯一の途として、農に帰らんとするのである。(17)」

人は人を騙し、裏切るが、土は人に対し、一方で激甚なる拘束と戒めを与えはするが、決して裏切ることはしないし、略奪もしない。一定の労働投下に対し、条件が整えば等価値でもって反応してくれる。そこに、いささかの過不足もない。同じ貧でも、搾取された結果としての貧と、土を耕した結果としての貧との間には、千里の径庭があるという。

「思へ、土は断じて人間の掠奪を許さない。求むるものに求めただけのものを与へる。…（略）…土は決して人間から何物をも掠奪しない。与へるだけのものは、必ず与へて吝でない。然も永久に、不変に、与へるだけのものは与へることを保障して居る。…(略)…沈黙にして然も私共に不断に何事かを教へ、無抵抗にして然も私共に絶えず峻酷な制裁を与へて居る。私の農に帰らんとするは、此の土の与ふる教訓と制裁とに依って、心と生活との洗礼を受けんが為である。[18]」

帰農前の横田の農政論が、実に詳細なデータに基づき、抽象的、観念的になるのを防いでいたのであるが、それも所詮は資本主義経済のなかでの、「如何に持つべきか」という量的問題に終始したものでしかなく、人間の内面を剔抉するようなものではなかったことに彼は気付いたのであろう。

帰農して、平凡な一人の人間として、誠実に、真心を抱いて生きようとするこの世界に、横田は己の心的革命を予期したのである。西欧の近代的知の追求のなかに魂の救済はないと判断し、近代のはらむ病理を超克しようとしながら、ついに空想的理想を追い、ファナティックな結末を遂げざるをえなかった農本主義者は多い。横田と同じ頃、茨城県東茨城郡常盤村に帰農した橘孝三郎もその一人である。彼は第一高等学校を中退し、世俗的出世志向と近代的知に訣別し、一人の平凡な人間として土のなかに己を埋めようとした。知を蹴って、大自然の温かき懐に抱かれ安心立命の境地を模索したのである。[19]

心情の次元において、横田と橘の間に大きな距離はない。横田は次の言辞をもって、「農に帰らんとして」の「個人的消息」の結末としている。

「私は最後に云ふ、私は自由ならんが為めに、故に正しき生活を営まんが為めに農に帰る。私は自然に帰らんが為めに、故に稚児の心を以て農に帰る所謂文明生活に纏綿する一切の欠陥、一切の罪悪、一切の不安、一切の不純から脱却せんが為めに農に帰る。故に私の後半生は、唯、自然に対する忠実な奉仕と、生産に対する勤勉な努力とを以て終るであらう[20]。」

資本主義的文明の背土的趨勢に、横田は、人間存在の悲哀を見る。土に背いて人間が幸福を獲得したこともなければ、国家が栄えたためしもない。土は厳然として人の前にある。そして多くの生命を宿し、育むと同時に人を強く拘束する。土に帰ることは、単なる文人たちの夢や唄で完結してはならない。このことが、まさしく、資本主義的文明の上に構築された人間社会の不幸の面を追求する根本的テーマであることを、横田は主張している。

4　中部日本農民組合

帰農の唄をうたい、それまでのあらゆるものを放棄し、土への埋没を決意した横田であったが、その土着の生活を世間は彼にそう長くは許さなかった。あれほど強固な信念の下に帰農を実現したにもかかわらず、その土の生活は、あっけなく終止符を打つこととなった。

大正八年には、『福島日日新聞』にかかわり、再び評論の世界に舞い戻っている。さらに評論家としてとどまることなく、新潟県で、北日本農民組合の顧問となり、大正十三年には、彼の終焉の地となった岐阜県に赴き、中部日本農民組合の結成と同時にその組合長となる。

帰農以前に高唱していた「小作農」の問題を、「語る」ことから「実践」の世界に移していったのである。

わずか二年間という瞬時ではあったが、横田がこの岐阜の地で後世に遺したものは、農民組合運動の本質にかかわる極めて大きなものがあった。まず、次のような評価をあげておこう。

「中部日本農民組合の指導者横田英夫は、岐阜農民運動の発展における偉大な偶然性である。小作人組合の県連合が、独立組合でいくか、日農県連として進むかが二つの可能性であったとき、これを独立組合として確立させた大きい要因は、確かに横田の存在であった。[21]」

当時、岐阜においては、日本農民組合（日農）に加盟し、全国組織の一支部として活動するか、それとも、その土地で単独の運動を進めるか、この両者をめぐって激しい論議が繰りひろげられていたが、ついに、横田を長において、独立組合で活動することを主張していた側が勝利することとなった。大正十三年四月、組合結成の運びとなった。この年の末における中部日本農民組合の実態は、支部数四十九、組合員数三千五百人弱というところであった。

この組合の「主義」、「綱領」、「宣言」には、次のような文言が見られ、その意気が高唱されている。

「〈主義〉　我等は尊皇愛国に大義を奉ず〈綱領〉　一、我等は社会共存の理想に従ひ最も善良なる農民としてその天職を完うせんことを期す　二、我等は自治相愛の精神を養ひ共同の力によりて我等の地位の向上改善を図らんことを期す　三、我等は地主及小作人相互の無自覚のために惹起せらる〻農村社会の不安を防遏し農業制度の合理化を期す〈宣言〉中部日本農民組合は、土地の上に労働する農民の精神的並に経済的結合により、その自助運動の機関として組織せられたるものにして、将来全日本的の最高権威となるべき約束を有する農民同盟なることを、まず宣言す…以下略。[22]」

とどのつまりが国家権力、天皇制国家と闘うことを余儀なくされる農民運動、農民組合が、「尊皇愛国の大義」を掲げるのもじつは奇異の感がするが、これを表看板にしているところに、横田らの独得の戦法がうかがえる。「尊皇愛国」を主義として、横田は次々と組合をつくり、運動を展開してゆくのである。横田が足を踏み入れるや否や組合が結成され、「小作農民」は嬉々として彼を迎え、地主たちは戦慄したといわれている。坂井由衛は、当時の模様を次のように伝えている。

「横田が一度講演したらかならず組合ができるという始末で、横田が村へくるときいただけで地主はふるえ上がり、小作人は神様のように随喜してかれを迎えた。思想の根本は農本主義で、農民運動の革命的展望を科学的にさし示すものでもなく、小作料の減免こそ小作人の生活を守る唯一の方法で、減免闘争はやがて全国に発展するであろうと教えただけだったが、たたかいに立ち上がろうとする農民の心をとらえた。[23]」

大正十三年の秋から冬にかけての横田の遊説の足跡をたどるだけでも次のようになる。[24]

十一月一日　稲葉郡鶉村東鶉組合総会
十一月五日　稲葉郡南長森切通組合総会
十一月六日　稲葉郡長良村講演会
十一月十八日　稲葉郡北長森村前一色組合総会
十一月十九日　稲葉郡三里村宇佐組合総会
十一月二十三日　鶉連合大会
十一月三十日　揖斐郡池田村上田講演会
十二月一日　揖斐郡富秋村稲富講演会
十二月一日　稲葉郡日置江村茶屋組講演会

それぞれの会場で、横田は長時間にわたって熱弁をふるい、参集した農民を共鳴させ、酔わしめた。横田はかつて、自著の『農村革命』で、「小作料低減運動」についてこうのべていたのである。

「飢えたる小作農民が行くべき道は、唯小作料低減運動あるのみ。吾人は近き将来に於て小作料低減運動が、吾国の農村に頻発継続さるべきことを予言して憚からず。(25)」

「小作料低減運動は最も悲愴なる社会運動なり。利益分配に関する地主と小作農民との階級闘争なり。(26)」

この著作での「小作料低減運動」に関する予見を、横田はこの地で現実のものとしたのであった。

中部日本農民組合にとって、初陣ともいうべき岐阜県稲葉郡鶉村での闘いにおいて、横田は組合をよく指導し、地主側の激しい抵抗にも屈することなく、「込米廃止」、「小作料の二割引下げ」などの要求を貫徹した。この初陣に見せた横田の指導力は、その後の農民の団結と組合の闘争内容において、画期的意味を持つものであった。

中部日本農民組合の長である横田の風貌は、当時の闘士的なものからは想像出来ないものであったといわれている。この時の風貌と農民組合運動との関係は、それ自身が一つのテーマになり得るものかも知れない。坂井由衛は横田の当時の姿を次のように描いている。

「ずんぐりとした逞ましい面構えの和服の農民の中で彼だけが詰襟セルの洋服で背がづぬけて高かった。講演にゆくときはセルの詰襟服、家にいるときは大島絣の着流しで、背広服などは着たことがなかった。金縁眼鏡に痩身長駆、貴族的な風貌で農民組合の闘士という風彩とは程遠い格好をしていた。国粋会川口某の子分が抜き身の日本刀で脅迫したときなどもインテリめいた弱さなど少しも見せず、胆の据ったところをみせた。激しい情熱を胸に秘めながらあのもの静かな姿を今も忘れることが出来ない[27]。」

中部日本農民組合が、その基本的理念、つまり〈主義〉としていた「尊皇愛国」を横田は遵守する立場をとりつつ、農民の現実的利益を追った。これは社会主義的、共産主義的農民運動とは大きくかけ離れたところのものである。

横田の運動方針、戦術はよく耕作農民、なかんずく「小作農民」の心情を把握し、吸収していった。天皇制国家を強く支持しつつ、農民の日常的生活苦を軽減してゆくという手法、ここに横田の運動の特徴がある。反天皇制、反国家をスローガンとした激烈な階級闘争が、この時点で、どれほど「小作農民」の心情を把握し、運動の現実的成果をあげえたかということに関しては、極めて大きな疑問が残る。

資本主義の矛盾を指摘し、それを打破してゆくことを基本的方針とする社会主義革命路線に対し、横田は強い不快感を抱いている。

横田の思想は、あくまでも農本主義であり、闘争の場においても、それが揺らぐことはない。民衆の日常的生活意識と無関係の「高尚」な理論は、「知識人」の遊戯の場において存在すればよいと、彼はいわんばかりである。

農本主義の性格の一部に、本来の農民運動とは異質のものがあることはいうまでもない。土地制度の矛盾をはじめとする農村内部の諸々の軋轢を隠蔽し、村落共同体をして天皇制国家、中央集権国家形成、強化のための、春風駘蕩する非政治的空間に仕立ててゆくという機能を農本主義は持つ。しかし、リーダーの資質と状況如何によって、この農本主義は、ある限界内ではあるが、闘争の武器として有効性を発揮することがある。

一柳茂次の次の横田評価は、注目に値するものといえる。

「理論は単にその『完璧』によって階級闘争の武器となるのではない。自然成長的階級闘争を意識的な計画に従属させ、拡大させえたかどうか——理論の歴史的意義はこのように規定される。横田の理論をもってしては、日本農民を権力掌握に導くことはできないということは、横田の理論が大正初期岐阜農民運動の指導的頭脳を意味したことを否定しさるものではない。岐阜農民運動史に刻まれたこの歴史的事実は、何よりもマルクス主義と農民運動の結合に対する安易な予断に導かれた歴史分析に対してきびしい反省を要求する。(28)」

生理的欲求に基づく現実的利益の追求のエネルギーは、多くの場合、権力体制擁護の側に吸引されてゆく。官僚が耕作農民の「よき」理解者であったり、「力強い」援護者であったりすることは、なにも珍しいことではない。そして逆に農民の同情者、支援者だと大声で叫んでいる人たちのなかに、実は農民の最大の敵がいることも合わせ考えておかねばならぬことである。

横田の手法が、いつ、いかなる場合でも成功するというものではない。しかし、そうだからといって、人間の深層心意を無視した「立派」な理論、思想がいかなる結末をとげるかも明らかなことである。

注

(1) 横田英夫『農村救済論』裳華房、大正三年、三三三頁。
(2) 横田英夫「農村革命論」、大正三年〈明治大正農政経済名著集(12)〉所収、農山漁村文化協会、昭和五十二年、一四六頁。

（3）横田『農村救済論』、三四頁。

（4）同上書、四三頁。

（5）横井時敏は農業と商工業、農村と都市を次のように比較している。「農業はワシントンの言へる如く最も尊貴にして且つ最も有益であり健康なものである。金に憧れず土と親しみ大自然を友とし、無欲にして汚き人を相手とせず、不羈独立正に天国の如きである。…（略）…商工業は金銭以外には何物もない、都会のみ発達せんか、その国家社会は甚だ危険といはねばならぬ、都会の欠陥を補ひ以て国家を安泰ならしむるものは農である。」（大日本農会編『横井博士全集』第九巻、横井全集刊行会、昭和二年、十七頁。）

（6）横田「農村革命論」、前掲書、三八頁。

（7）「東北虐待論」は『東京朝日新聞』における十日間にわたる連載であったが、その最初の日（明治四十四年八月十五日）、彼はこうのべている。「凡百の東北振興論は、悉く誠意を欠き若くは適切を欠き可能力を欠く、梢誠意ありと認むるものは所論迂禺俄に之れを操るべからず、往々に凱切の言を吐くものは途上一過の人々にして誠意なし、挙げ来れば東北振興策なるもの東北人が以て依頼し傾倒するに足るものあらざるなり、余は東北振興論を検する毎に、東北の為めに同情するが如き口吻を洩らす当局者および識者が、唯勤勉なれ東北人は懶惰なりとか或は貧富問題に言及して、貯金思想に乏しかと言ふに止まり、」

（8）横田「農村革命論」、前掲書、六七頁。

（9）同上書、八八頁。

(10) 同上書、九〇頁。
(11) 同上書、一四六頁。
(12) 同上書、一三三頁。
(13) 同上書、一三四頁。
(14) 横田「農に帰らんとして」『読売新聞』、大正六年八月十二日。
(15) 同上紙、大正六年八月十五日。
(16) 同上紙、大正六年八月三十日。
(17) 同上。
(18) 同上紙、大正六年九月二日。
(19) 橘孝三郎が第一高等学校を中退して帰農したのは大正四年三月であるが、大正二年十一月に校友会誌上で次のような発言をしている。ここにはすでに帰農の前兆が読み取れる。「私等は法律家とか、政治家とか云う色々な型を作って、その中へ自らを打ち込んだ狭い空虚な生活を捨て、又古びた因襲――私等に何の力も与えない――に縋り付いて行く、浅薄な生活を捨てて、一人の自覚した人間として、青年として生きなければならん。自らの微小なる事を痛感して総ての誇張を去って、日一日を真実に生きなければならない。」(「真面目に生き様とする心」、一高校友会誌、大正二年十一月、『土とま心』第一巻第一号所収、橘学会、昭和四十八年八月、五〇頁。)
(20) 横田、前掲紙、大正六年九月五日。
(21) 一柳茂次「岐阜県農民運動史」、農民運動史研究会編『日本農民運動史』東洋経済新報社、昭和三十六年、七一四頁。

(22) 同上書、六九九頁。
(23) 坂井由衛『岐阜県労農運動思い出話』坂井由衛遺稿集刊行会、昭和四十五年、二一二頁。
(24) 一柳茂次「岐阜県農民運動史」、前掲書、参照。
(25) 横田「農村革命論」、前掲書、一二二頁。
(26) 同上書、一二七頁。
(27) 坂井、前掲書、一一〇頁。
(28) 一柳茂次「岐阜県農民運動史」、前掲書、七一七頁。

主要参考・引用文献

横田英夫「東北虐待論」『東京朝日新聞』、明治四十四年八月十五日～同年八月二十四日
横田英夫『農村救済論』裳華房、大正三年
横田英夫「農に帰らんとして」『読売新聞』大正六年七月十七日～同年十一月十三日
横田英夫『農村問題の解決』白水社、大正七年
横田英夫『農民の声を聞け』日本評論社、大正九年
横田英夫『現下の農民運動』同人社書店、大正十年
横田英夫『小作問題の研究』巖松堂書店、大正十一年
桜井武雄『日本農本主義』白揚社、昭和十年
橘孝三郎『皇道国家農本建国論』建設社、昭和十年
一柳茂次『岐阜農民運動史――とくに中部日本農民組合を中心とする』〈農民運動史研究資料・第

五集〉、農民運動史研究会、昭和三十年
一柳茂次「農民の組織化――『反地主』の場合と『反独占』の場合とを対比させつつ」、『思想』昭和三十四年六月
武内哲夫「農本主義と中農中産層――明治後期・大正期を対象とした一考察」『島根大学研究報告』第八号、昭和三十五年
農民運動史研究会編『日本農民運動史』東洋経済新報社、昭和三十六年
坂井好郎「日本地主制と農本主義」『経済論叢』第八十八巻第五号、昭和三十六年
山本堯「農本主義思想史上における横田英夫」『岐阜大学教養部研究報告』第四号、昭和四十三年
谷川健一、鶴見俊輔、村上一郎編『支配者とその影』〈ドキュメント日本人（4）〉、学芸書林、昭和四十四年
坂井由衛『岐阜県労農運動思い出話』、坂井由衛遺稿集刊行会、昭和四十五年
橘孝三郎「真面目に生き様とする心」『土とま心』第一巻第一号、橘学会、昭和四十八年
横田英夫『農村革命論・農村救済論』〈明治大正農政経済名著集（12）〉、農山漁村文化協会、昭和五十二年
武田共治『日本農本主義の構造』創風社、平成十一年

第三章　島木健作における「美意識」

「満州」開拓の問題に関しての従来の評価には、一つの大きな陥穽があるように私は思ってきた。それは、いうまでもないことかもしれないが、あの開拓団の末路（引き揚げ）の苦難と悲惨さに、己の感情を寄せすぎ、結果として、開拓の歴史を矮小化し、総合的評価を妨げていることである。たしかに、敗戦に際し、関東軍らに見棄てられ、丸裸の状態にされた開拓団が、引き揚げに際して被った数々の悲劇は、筆舌に尽しがたいものがある。「引き揚げもの」と称する記録は、大旨そうしたものの域を出ないでいる。手榴弾、青酸カリによる集団自決、愛し子の首を締める母親、咽喉を切ったが死にきれず、のたうちまわる男、女、などなど、阿鼻叫喚の地獄の風景が描かれている。

たしかに、この現実を無視した「満州」開拓ものが、いろいろな意味で不十分であることはいうまでもないが、国策という大義名分のもとで、この行為の巨大な誤謬と、他者へ犯罪を内面から指摘し、苦しみを伴いながらも、それを剔抉しうる精神が、希薄になることが許されていいはずがない。このことを心中深く受け入れることのないままの絶叫や慟哭は、引き揚げの悲惨さを語ってはいるが、じつは、「もし、あの時、日本が勝っていれば」という敗戦の無念さが、その裏に隠されてはいないか、ということを忘れてはなるまい。

石田郁夫は、「満州」開拓団の記述に関して、次のような発言をしている。

「さまざまな、いわゆる戦争体験と共通して満州開拓団の記録のたぐいも、おおむねは国策の命ずるままにおもむいたものが、国家解体とともに異郷に棄民され、…（略）…その苦難の日々を恨みがましく語るという構造を持っている。そのパターン化した被害、殉難ものがたりに対して、加害者としての視点が欠如していることを一般的に批判することは、まったく正しいし、…（略）…自己が日本国家の軍事力を後ろ楯に、具体的には関東軍の武力を前楯に他国の土地を強奪し、そこの人民を酷使し、反抗するものを虐殺しつづけていた。[1]」

私もかつて、「中国残留孤児と『満州』開拓」という拙い短文を書き、そこでこうのべたことがある。

「どんな理屈やアクセサリーが用意されようとも、『満州』開拓による最大の被害者は中国民衆であった。…（略）…土地を奪われる側の憤怒と悲しみを思うべきである。奪う側に立ったものの傲慢さがなかったといえるだろうか。人間が深く暗い心意世界に持つ権力志向性や、悪への憧憬、弱者攻撃欲といったようなものが、こちらの側に皆無だったであろうか。そしてその傲慢さのまえに、忍従を強いられた人々の深く哀しい情念を思いやるこころを私たちは持ち合わせていたであろうか。[2]」

「満州」開拓の現地を、当時多くの文人たちが、慰問だの、尽忠報国だのと、大義名分を声高に叫びながら訪問した。その一人に転向作家として知られ、『生活の探求』、『赤蛙』などを書いた島木健作がいた。島木は昭和十四年三月から七月にかけて、この開拓地、とくに北方の開拓地や、「満蒙」開拓青少年義勇軍[3]と称した少年たちの訓練所を、次々と訪れている。

昭和十三年に、国家総動員法が成立し、政府は、議会無視で人的、物的資源の統制、運用が可能となり、戦時体制が確立されていった。文学の世界においても、これに呼応した異常な空気が立ちこめ、戦時色濃厚のものがもてはやされるところとなった。農民文学懇話会や大陸開拓文芸懇話会がスタートしたのもこの頃であった。保昌正夫が、このあたりの事情を次のように記してくれている。

「昭和十四年というと、日中戦争に入っての三年目にあたり、国家総動員法による国民徴用令の公布をみた年で、戦争文学が流行し、国策文学が提唱された時期である。島木に係っていえば、和田伝、丸山義二、鑓田研一らと準備を進めてきた農民文学懇話会が前年（昭和十三年）十一月、農相有馬頼寧出席のもとに発会し、この年一月には『大陸開拓に関心を有する文学者が会合して関係当局（拓務省等）と緊密なる連絡提携の下に、国家的事業達成の一助に参与し、文章報国の実を挙ぐること』を目的とした大陸開拓文芸懇話会が発足して、島木はここにも加わっている。[4]」

昭和四年に、過去の己の主義主張、およびそれに基づく運動を反省し、今後、政治運動には関与しないといって転向した島木が、この時点で国策に沿う方向で、その一翼をになう立場にいたことはいうまでもないことである。

しかし、この国策に協力する方向での見聞ではあるが、他の文人と呼ばれる人たちとは、現実を覗き見る精神において、かなりの温度差があった。帰国後、その見聞をもとに、まとめたものに、『満州紀行』がある。その「序」のなかで、彼は執筆動機を次のようにのべている。

「満州旅行の結果生まれた私の文章は、新しい土地のさまざまな印象をこまかに綴ることで、人々を楽しますます旅行記であることは出来なかった。…（略）…現実はどれほどの部分も伝へられてはゐないだらう。ただ私はこれらの文章を一貫して一つの精神があると思ってゐる。それは私を満州に呼んだところのものである。対象とした世界に於て何が問題であるか、それらの問題をどう見、どう考へてゆかねばならぬかについて、私は述べてゐる。私は一つの態度を持してをり、私には自分の意見がある。そして私は日本の文学者によって書かれた多くの旅行記に欠けた性格をその点に見出すものなのである。[5]」

昭和六年、日本は全面的に「満州」侵略を開始し、翌年三月には、傀儡国家「満州」建国を公然と世界に知らしめたのである。このことにより、移民用地の獲得が可能となり、それまで難攻不落とされてきた開拓に関する通説は、崩れ去ったのである。移民政策は漸次すすめられ、昭和十二年より二十年間にわたりて、百万戸農家の移住という計画がつくられた。[6]
農本主義者加藤完治らの活躍する舞台が用意されていった。

かかる時期に、島木をして「満州」に足を運ばせたものは何であったろうか。時流に乗っているのではなく、彼は己の主張を持っているというのだが。

島木はこの新天地、「満州」に、新しい生命の息吹を見たのか。艱難辛苦を乗越えて、大地に鍬を打ちおろす純粋な精神に、彼は絶対的なるものの存在を見たのであろうか。そこには、単なる貧困からの脱出といった類のものではなく、ある巨大な理想に向けての神々しいものがあったように思える。島木はこういう。

「満州開拓民はただ単に、経済的に有利な土地を求めて移住して来たといふものではないし、又実際の結果から見てさういふ普通の移民とえらぶところがないといふ風になってはならぬ筈のものである。もしもそれでいいものなら、何も国策開拓民などとよぶ必要はない。経済的に自立し、富むことさへできる道はもちろんいくらもあらう。そのうちのどの道をとるかは、満州が彼等を呼んだ精神によってきまることである。[7]」

開拓精神に極めて崇高なものを置こうとする島木は、五族協和、王道楽土といったアクセサリーを大義名分としたこの植民地政策に、積極的に賛同の意を表したことになるのであろうか。

この開拓が、どれほど美しく語られ、描かれようと、日本国家の国益追求、中国農民の土地略奪、日本民衆の棄民政策であったことは間違いない。国家のこの隠蔽政策が見抜けぬ島木ではなかったが、それでも彼の心中には、そういう問題とは少し次元の異なる彼一流の美意識が、深く、強く宿っていたように思える。もちろん島木の置かれた立場からくる政治的思慮もないことはないと思うが、それだけに、彼は痛々しくも、哀しくも、未来を信じ、耐えて生きようとする開拓民の姿に心を奪われ、熱い涙をも流すことになるのであった。

歯の浮くような賛辞を贈る文人、知識人たちが、島木には許せなかった。島木は次のような苦言を呈している。

「事はひとの生活に関してゐるのだから何をいはうと自分にはかへって来ないといふ気易さがそこにはなくはないのである。自分の生活に直接ひびいて来ることについてならば、めったにほめられもせぬ筈である。…（略）…私は一度ならず開拓地の人々から聞かされた。彼等は、開拓地について書かれる文章のことをいひ、自分等への賛辞がしばしば見当ちがいなものにもとづいてゐることを、あきたらず思ふといふのだった。てれ臭く、時には腹立たしくもなるといふのだった。とらはれぬ真実の言葉を欲してゐるものは、誰よりも、当の生活者である開拓民自身なのである。(8)」

現場の真実表明、記述を欲しがっているのが、そこにおける生活者であるにもかかわらず、そのなかの若者達、また、作文になると、腹の底の真実を吐露することはなく、教科書的、優等生的なるものに甘んじてしまう。島木は彼らにも結果として裏切られてゆくのである。現地での青少年の作文に対して、彼はこうのべている。

「私は彼等の素朴な筆が、彼等の日常生活のありのままの姿を描き出してゐるやうなものを望んでゐた。しかしそこにあるものは、『五族協和の実を挙げ、東洋平和を永遠に確保し、我が大日本帝国の大陸発展を計るべき重大なる任務ある開拓者、この尊き開拓の指導者、何と雄々しい業ではなからうか。』といふやうな言ひ方で、立派な精神を述べてゐるものが大部分なのであった。立派な精神は述べられてゐる、しかしそれは訓練所生活の日常をありのままに書いて、読むものに感動を与へるといふやうなものではなかった。[9]」

青少年とて、その純真な心性を素直に発言出来ない、強く、厳しい拘束のなかに生きていたのである。島木もすべて真実をのべているわけではない。島木も青少年もその点において大きな違いはない。彼らが、いかなる時期に、いかなる立場で、いかなるものに支援されてこの地に住み、この地を訪れているのかということを考慮すれば、国家権力への根本的批判を含むような心情が吐き出せるわけがない。

先にも少し触れたが、島木は昭和三年、治安維持法下で検挙され、心身共にボロボロになり、次の年に転向声明を出した身でもある。しかし、その島木が、その状況下で、国策に沿ってその線を崩すことなく、いわば内在的にギリギリのところまで透視している点は、高く評価されてよかろう。

島木が、この国家的開拓に関して抱いている疑問点は多いが、現地中国農民の土地買収の強引さと、日本開拓民による土地運用、管理の限界については、ことのほか、強い疑念を抱いている。

開拓という美名の裏にある秘策、開拓された農地は誰の所有していたものだったのか。所有者のいる農地の買収価格はどの程度のものだったのか。農地を失った中国農民のその後の行方は……。

島木の胸中を深い悲しみが襲った。農地の買収に関していえば、暴力的強奪が常識化していたともいわれている。次のような具合である。

「康徳六年五月上旬ヨリ十二月下旬迄ノ間ニ亘リ前記移民村用地買収ニ当リテ適当ナル価格協定ノ方法ヲ講セス自己カ独断的ニ決定シタル価格ニヨリテ買収ヲ強行セムトシ若シ応セサル者アリトモ国家又ハ国策ノ名ノ下ニ強圧セムト企テ其ノ職権ヲ濫用シ[10]」

かかる状況が日常化していたのである。具体的な例として、次のような事実が記録されている。日本側の買収に応じない中国人に対し、「殴打スル等暴行脅迫ヲ加□因テ同県新台子村所在ノ同人所有水田八百四十五畝畑三十六畝（時価約四万円）ヲ代金一万六千三百五十五円二十七銭ニテ売却承認セシメ[11]」るという阿漕な手法を用いている。

かかる手段を用いて、広大な農地を入手しても、それを誰が耕作するのか。開拓民のみでは不可能である。不足する労働力をいかにして調達し補うのか。その際の労働力の価格は、どこで、誰が決定したのか。島木は次のような発言をしている。

「雇はれるものの第一は、今まで開拓地内にあった原住民であって、日本開拓民が入って来たために、早晩この土地を去らねばならぬ運命にあるものである。彼等あるために、彼等がそのやうな運命にあることのために、日本開拓民は、当面必要な労働力に事欠かぬといふ状態にある。[12]」

「雇用されるもののなかには、開拓民入植前までは、自立した農民であり、主人であったものもある。彼等の新しい替地はどうなってゐるのであらう[13]。」

「満州」開拓に関する本質的な問題に関して、これだけのことを、当時発言出来た人物が他に何人いたか。島木は、単なる時勢順応人ではない。この問題を指摘しただけでも、彼の開拓地訪問は、意味ある行為であった。

王道楽土、五族協和、拓けゆく開拓地といった宣伝とは、余りにも違う現地の実情に直面した島木は、一人静かに悩み、苦しんだに違いない。

当時は開拓地訪問者に対し、義勇軍の体験を有する小林夕持は、胸も張り裂けんばかりの怒りと悔しさを、次のように綴ったのである。

「若し彼等が若い少年達に軍国主義のあやまりを陰でもよい勇気を持って話してくれるか、内地にあって戦後連合国に協力したように活動してくれたら此れらの悲劇は僅少で止めることが出来たであろう、売国者達は自作自演の軍国主義の歌を作り口々に褒、讃て英雄気取りで話していたではないか、腰抜け共よ、十五歳の少年達は空腹をさき暖かい所に寝せて内地の客人としての礼を尽し日本人に彼等のようなバケモノがいることを知らなかった[14]。」

昭和二十年八月十五日を境にして、コロリと豹変する無責任な知識人たちのなかにあって、島木はやや体質を異にしていた。いま一人の元義勇軍訓練生、森本繁は島木に触れてこうのべている。

「このような非難があるにもかかわらず、わたしは、あえて島木健作の『満州紀行』を取り出した。それは、この作家が、当時の義勇隊の生活を正確にとらえ、それを少しの誇張もなく、また権力に阿諛するでもなく適確に描き出している点に感銘を覚えたからである。少なくとも彼には、訓練生ひとりひとりに対する細やかな愛情があった(15)。」

現実にこの少年たちの日常は、表面的大志とは別世界のなかにあり、阿鼻叫喚とまではいかずとも、欠乏、不満、悩み、憤り、悲しみの充満するものであった。そして、なによりも、彼らの心中に悲痛をもたらしたのは、国策のためと称し、美辞麗句を並べたてて、送り出したムラの指導者たちの、葉書一枚くれぬその後の冷酷さであった。例外はあったが、国や県からの割当分を送出すれば己の責任は果たしたとする、無責任な指導者たちの当然の行為であった。

五族協和などが遠く空しい夢であることを、島木は旅の途中、いたる所で実感するのであった。日本人の中国人に対する横暴ぶりに辟易し、絶望し、次のように呟くのであった。

「遅くまで眠れなかった。眠ってからも何度も眼をさました。廊下を踏みならして人が通るのだ。酒もりがはじまり、高歌放吟の絶えまがないのだ。みな協和会服を着て、襟に何かのマークをつけた連中である。役人か特殊会社の連中に決まっている。…（略）…汽車に乗っても宿へ泊まっても、傍若無人な彼等のふるまいにいやといふほど不快な思ひをさせられぬことは先づないと言っていい(16)。」

国家政策のためと称して、放擲された日本民衆の姿に同情を惜しむものではないが、同時に島木は、黙して日本人の横暴に耐えている中国農民の置かれている現実を直視し、日本国家の犯す暴力に対し、いい知れぬ羞恥の念を抱くのであった。

この開拓事業の宣伝にしても、国家の余りにも無謀で、誇大で、虚偽さえあることを、島木は指摘し、その危険性を訴えている。『或る作家の手記』のなかで、この開拓の宣伝に関して、島木は「太田」に次のような発言をさせている。

「ただ彼（太田）が確信をもっていへることは、さうして心から開拓事業関係の人々に忠告したいと思ってゐることは、この問題につき、広く国民の間に認識を深め、その支持を得ようと思ふならば、今日のやうな宣伝の方法では全くだめだといふことである。たとへば、今の買収価格とか、賛地の問題の現状などを、何人にも納得がいくやうに、はっきりと知らしめなくてはだめだといふことである。真実が知らされてをらぬために、いかに多くの憶測が、デマに類するものまでが、広く行はれてゐるといふことを、事に当ってゐるものは知らぬのであらうか。」[17]

国家側からの宣伝などと異なり、島木は、開拓事業の不備、杜撰さ、横暴さの実情を、かなりのところまで押え、この事業の将来に対し、強い警鐘を鳴らしている。

ところがである、彼はこれらの矛盾や軋轢といった政治政策的な世界とは、なにか別次元での世界を心中に抱いていたようなところがある。ことの成就が問題ではなく、この激寒の地で、ある大きな力によって支援されながら、しかも極度の貧困に耐えながら、大地に鍬をぶちこむ開拓の精神に、島木は神のような存在を見たのである。

島木は、北方の地における開拓のなかから生れた伝統的倫理をベースにした、生産人に絶対的価値を置く。おそらくそれは、政治や時代を超えたところにある彼の究極的美意識ではなかったか。彼が己の魂を揺さぶられるのは、次のような人間の行為であった。

「汗と垢にまみれ、蝿と虱と南京虫におそわれながら、長年月にわたる民族間の土地紛争の解決のために力を尽してゐるやうな日本の青年に接したときには、感動の涙がにじんだ。名においても、物質においてもむくいられることなく、そのような生活がすでに十年にも近いといふことは！　死をかけて一瞬に事を決するといふ勇気にまさる大きな勇気を必要とするやうな行為が、いかに物静かに、つつましい謙譲さでつづけられてゐることであらう。何年来、見ることのなかった、行動の世界の美しさが私をとらへた。なにもかも一擲して、さういふ世界へ入って行きたいといふこころをさへもゆすぶられるのだった。[18]」

すべてを投げ捨てて、その世界に突入したいが、現実には不可能な己の姿勢にかわって、ものの見事に体現してくれている若い力に、島木の心は震撼したのであった。

島木がここで到達したものとは、近代的「知」では、はかることの出来ない怒りに支えられた肉体の思想でもあり、過剰な観念性と抽象的思考からの脱却であったのか。それとも諦観であったのか。

あらゆる思想的桎梏から解放されたいがための肉体の酷使、また自虐に自虐を重ねることによる自己陶酔が、そこにはあったともいえる。絶対的なるものを追い求める求道の過程であったのだ。

島木には塵と垢にまみれ、枯渇腐敗せんとする生命、精神を癒し、浄化してくれる神聖な場所として、農村があり、開拓地があった。その生活のなかに彼は神の存在を見る。死力を尽して開拓に専念する姿は、そこにいささかの過不足もなく、それ自身で完結する。その努力は、むしろ報われてはならない世界なのかもしれない。報われないがゆえに、美しいのであろう。そこには「生活の探求」の意味があった。

この「生活の探求」へと傾斜させたものは、島木の体内を奔流する「北方の人」の伝統であった。彼は己が開拓者の三代目であることを自覚し、次のように公言していた。

「私の母方の祖父は御一新後間もなく北海道へ渡って（追はれて行ったといふに近からう）開拓使長官の黒田（清隆）の下にあって働いた。今年七十にちかい私の母親も北海道で生まれ、育ち、生き、老いたので、私は三代目の北海道人なわけである。…（略）…この北方人の血と運命というたやうなものを、私は早くから子供心にぼんやり感じてゐた。子供の私が感じた北方人の血と運命といふものは、かつて勝利したことのない、朝にあって栄えたことのない、いつも野にあって踏んづけられ通して来たもののそれであった。[19]」

稲作人によって席巻され、まつろわぬ人間として仕立てられ、抑圧され、放擲され、それまでの豊穣の地、文化の栄えた地が、貧困の地となり、文化はつる地とされたごとく、近代になってからも、中央集権的資本主義の発達のなかで、ズタズタにされていった悲しい歴史を、島木は背負っていたのである。島木はこうもいう。

「祖父たちは金までつけて広大な土地をもらってゐた。その土地を持ち続け、うまくやって居れば私などもあるひは相当な家に生れたことになったかも知れないのだった。しかし彼等が気づいて見た時、土地はもう他国から入り込んで来てゐた商業資本家達の手のなかにあって、彼等はどう地だんだ踏んで見ても及ばぬのだった。[20]」

西南から闖入してきた商業資本家たちによって、無残にも踏みつけられ、なにもかも略奪されていった先祖たちの無念さを思う時、島木の心は尋常の域を越えてしまう。そしてこの思いは、島木に、終生変らぬ反商業、反都市、反金銭的感情を抱かせることとなる。

商業主義的金銭的文明が人間を堕落させる元凶であり、反倫理的エートスの醸成場以外の何物でもないことになる。そしてその対極にくるものが、農民的生産者の生活であり、それに基づいた文明であった。ここにこそ、生命の根源に触れるものがあるとする。彼のマルクス主義、共産党への傾斜の重要なポイントは、この禁欲的農本主義にあるといってもよい。これが、かりに金銭的に恵まれ、道楽的行為としての部分がその言動のなかに見られたとすれば、島木は一目散にその場から逃走したであろう。

およそ、島木の心中からは、遊びとか、余暇とか、消費といった類のものはすべて排除される。農本主義的真面目人間が彼の理想であった。島木は、常に「何か生活的なもの、実質的なもの、中身のぎっしり詰ってゐるもの、生産的なもの、建設的なもの、上付かずに、じっくり地に足のついたもの[21]」を希求し、かかる生活を奪い、殺してゆくような拝金主義、商業主義に対し、激しい憤怒の念を持つのであった。

北方の魂を中心とした伝統的倫理の奪還と、その純粋化のなかに生きようとする島木にとって、この近代文明との対峙は、決定的なものとなっていった。

近代の毒に犯されていない純粋無垢な生産人に、絶対の価値を置き、その人たちの貧困救済という枠内でのみ、思想の正当性を認めるというようなところが島木にはある。商品としての労働力といったものではなく、労働は彼にとって、倫理的行為そのものであったのである。さきにも触れたが、彼のマルクス主義理解も、当然のことながら、倫理の領域でのこととなる。次のような島木理解を私はうべないたい。

「島木健作にとって、マルクス主義はいわゆるマルクス主義ではなかったのである。『絶対』の探求の対象の一つとして、マルクス主義が現われた時、それは『何かより高次の異質の信仰に変貌したのであ』った。『強烈』さによって、かえってマルクス主義を突き抜けてしまったのである。少なくとも、マルクス主義が『経済的カテゴリー』あるいは、政治的カテゴリーであることにとどまったマルクス主義者とは、決定的に違っていたと言うことができる。あくまでも、マルクス主義は『倫理的カテゴリー』であった[22]。」

島木の労働観には、何か情緒的な色彩が濃く、社会科学的視点が欠落しているといえないことはない。資本主義経済構造のなかでの労働力の価値を問うことに力点が置かれるのではなく、あくまでも、それを倫理、道徳的な問題として扱うことに終始するところが、島木にはある。労働の神聖化、幻想化、栄誉の付与、逆に、怠惰、余暇、消費などの罪悪視、これらは働く側から生み出され、創造されたものではない。ポール・ラファルグの次のような言葉を、島木は、どう解するであろうか。

「働け、働け、プロレタリアート諸君。社会の富と、君たち個人の悲惨を大きくするために。働け、働け、もっと貧乏になって、さらに働き、惨めになる理由をふやすために。これが、資本主義生産の峻厳な法則なのだ。経済学者どものまことしやかな言葉に耳を貸し、労働という悪徳に身も心も捧げるために、プロレタリアは社会機構に痙攣を起こさせる過剰生産という産業危機に社会全体を駆りたてることになる。[23]」

島木は、恐らくこの声を聞いたなら、それこそ痙攣をおこし、嘔吐するであろう。資本主義的文明の根幹として用意された労働の神聖化、倫理化を疑問視するだけのものを島木は持ち合わせてはいなかったようだ。あくなき労働の強制が、ついに民衆の倫理、道徳、使命になってゆく。その過程が、島木には見えていない。真面目で、質素、清潔で、秩序を重んじる労働こそ、人間の探求すべき最高級のもので、それは、いわば「修養」の絶対的推奨であった。「修養」を積まぬ人間は問題にならないのである。

島木には、「修養」が体質的によく馴染む。そして、「教養」には、やや難色を示すところがある。彼はこんな発言をしたことがある。

「今日教養といふ言葉が広く行はれるやうに、明治時代に修養といふ言葉が行はれた。鷗外や露伴といふやうな人々には、今日教養の名で言はれる意味を含めて修養といふ言葉を使ったやうに記憶する。そして私はさきに言った心からしても、修養といふ言葉の持つ含みの方を教養のそれよりも好むものである。修養の方が、人格的で倫理的で、そして実践的だ。日常坐臥の間に意を用ひる、といふ心がこもってゐる。教養の方は、『ある、ない』だが修養の方は、『する、しない。』だ。今日教養をいふ時には、修養のこころをうちにつつむものであって欲しい。[24]」

もともと、「教養的なもの」を包含していた型のある「修養」から、「教養」が飛び出し、それが独立して、大正教養主義に変容していったと考えていいと思うが[25]、島木は、元の「修養」を好むのである。そしてこの「修養」を積むという過程のなかに、苦学があり、農民組合運動があり、マルクス主義への傾斜が、そして「満州」開拓への理解があった。

すでに指摘されてきたことではあるが、島木の体質に、大正教養主義は馴染まないのだ。明治の時代からいきなり昭和の時代に跳躍したように思えるところがある[26]。大正教養主義の対極にある実践優位の立場に彼は執着する。ともかく自虐的ともいえるほどの実践が大切で、しかもそれは、民衆密着のものでなければならなかった。

借り物の理論を前提にして、それをもとに農民の日常的遅れを指摘したりはしない。知的教養主義よりも、どこまでも、彼は農民の日常に対し、熱い眼差を向け、そこに拘泥しながら、彼一流の大切なものを必死に汲み上げようとする。

このような島木の姿勢を、エセ・ヒューマニズム、おためごかしだとして厳しく批判する人もいる。開拓農民をも含む農民への島木の眼差は次のように攻撃されることもある。

井上俊夫はこういう。「島木は、義勇軍の名の下に大陸侵攻の一翼をになわされていたあわれな貧農の子供たちの運命をみぬくことができていない、などといって彼を責めるつもりはない。そんなことより、島木が都会よりも農村、それも西日本の農村よりは東日本の農村、あるいは『満州』開拓地といったところを好んで歩き、そこで戦時体制の重圧の下、耐乏生活を余儀なくされている農民に接しては、その人々をおのれの独善的で感傷的な農本主義の色眼鏡を通じてとらえ、かれらがあたかも〝生活の達人〟であるかのように賛美している島木の〝いやらしさ〟をはっきりと見据える必要があると思う。(27)」

絶対的善として農民に深い同情を寄せ、賛美する島木の心中には、このような「いやらしさ」が存在していたのか。井上は続けていう。

「島木にとって戦時下の農民は彼のストイシズムを満足させ〝作家としての精神の昂揚〟をもたらしてくれる絶好の対象にすぎなかったのである。(28)」

この批判は、たしかにある部分を極端に拡大したきらいがなくはないが、島木に対するかかる類の批判、攻撃の台頭を止めることができないのは、美化され、聖化され、幻想化された農民の虚像が、島木のなかに見え隠れしているからであろう。

なにもかもが虚像、幻想だといっているのではない。突かれるのは、その点だということである。たしかに島木は実像をも見ている。見ているからこそ、理論のみを信仰する人たちのごとくに、己と民衆との距離に驚きも、苦悩も感じないといったところに、安眠はできないのである。生産者農民と共にある、ということによって、島木は己の生の存在を認めるのである。農民と断絶したところに己の生はないのだ。

ある時、この実像と虚像が彼の心中で騒動をおこす。ついには、美しい虚像が実像に勝利する。純粋で、熱情的で、神聖な農民というモデルが完成される。このモデルは、国家権力が民衆支配のために必要とし、用意したものとよく符合する。忍耐、努力、根性を持する忠良なる民衆こそが、近代国民国家形成の基盤として不可欠のものとなる。昭和十二年に公刊された島木の『生活の探求』が、ベストセラーとなる背景の一つには、こうした事情があったといってよかろう。民衆統治のために用意された基本的徳目は、政治的志向は違っても、島木にも、ある種の期待も含めて、受容可能であったのかもしれない。磯田光一の次の言は、そのことをよくいいあてていると思う。

「エピキュリアンへの反発は、島木のみならず当時の運動家の精神を強く規定していた倫理感覚であり、その限りにおいて、支配体制の倫理感覚ときわめて親近性をもっていたということができる。…（略）…したがって支配体制がファシズム強化のためにとった風紀粛正や文教政策の方向は、理論的には大衆を圧迫する悪としてうけとめられたであろうが、都会的エピキュリアニズムを否定して農村的ストイシズムを志向する思想統制の動向は、島木のようなタイプの知識人にとっては、心情的には、かなり共感をよぶものであったと思われる。[29]」

宮沢賢治の禁欲主義なども、国家の民衆支配のための作為的倫理、道徳と符合する。厳しい生産労働、己を苦境に追い込み、それに耐えることに美意識を見い出せば見い出すほど、官製化された「しめつけ」という現実を容認してゆく運命を辿ることになる。

私は宮沢賢治のこの件に関して、かつてこうのべたことがある。

「商業主義的金もうけ主義に彼は嫌悪の感情を抱いている。土を耕やし、禁欲的に、さらにいえば自虐的に己を貫くことを人間の基本的理想像にした。大和魂の鍛練陶冶がどうであるということではなく、賢治には島木健作にも似たストイックな状況に己を置くようにせめたてるところがある。したがって、この岩手国民高等学校の国策を受けた自力更生的、精神主義的教育方針に従うことにそれほどの違和感も抵抗もなかったともいえる。[30]」

真面目で、純粋で、精いっぱいの努力、忍耐が、多くの場合、あのどうしようもない無気味な国家権力の餌食になってしまうという現実に対して、よく抗する道、よく打開する道はあるのであろうか。「生産―消費」、「禁欲―解放」、「労働―遊び」といった対立概念をぶつけあっているだけで解決するような問題ではない。島木の農本主義的真面目主義の問題は、民衆操作のために作為された倫理、道徳との関連で、それを危険視することに終始してはなるまい。禁欲主義や真面目主義に酔ってはならぬが、かつて、それらが国家権力の餌食になったからという理由だけで、未来永劫にそうだとするのは、余りにも浅慮な話ではないか。島木健作の検討は、今日的課題でもある。

注

（1）石田郁夫『土俗と解放――差別と支配の構造』社会評論社、昭和五十年、六頁。
（2）綱澤満昭「中国残留孤児と『満州』開拓」『信濃毎日新聞』昭和五十八年三月十九日。
（3）「満蒙」開拓青少年義勇軍とは、次のようなものであった。「『満蒙』開拓青少年義勇軍（以下、義勇軍と略記する）は、中国東北部を入植地として日本国政府が実施した移民の一形態である。日本による該地域支配の基盤であった『満州国』を受け入れ国として、一九三八年から一九四五年にかけて各道府県で公募された。応募適齢は数え年一六～一九歳（「徴兵適齢臨時特例」公布後は一八歳）に設定され、徴兵適齢前の男子を募集対象とした。」（日取道博『「満蒙」開拓青少年義勇軍関係資料』第一巻の「解題」、不二出版、平成五年、一頁。
（4）保昌正夫「第十二巻解説」『島木健作全集』〈月報12〉、国書刊行会、昭和五十四年、六頁。
（5）島木健作「満州紀行」の「序」、『島木健作全集』第十三巻、国書刊行会、昭和五十五年、四六九頁。
（6）具体的年次計画は、次のようなものであった。「この計画は昭和十二年から向こう二十年に百万戸、すなわち一戸当たり五人として五百万人の日本人農民を『満州』に送出することを目標として、左の四期に分けて計画を実施しようとしたものである。

第一期　昭和十二年度～昭和十六年度、十万戸

第二期　昭和十七年度〜昭和二十一年度、二十万戸
第三期　昭和二十二年度〜昭和二十六年度、三十万戸
第四期　昭和二十七年度〜昭和三十一年度、四十万戸」（満史会編『満州開発四十年史〈補完〉』講談社、昭和四十年、一八四頁。

（7）島木「満州紀行」、前掲書、三四頁。
（8）同上書、一三〜一四頁。
（9）同上書、九五頁。
（10）『満州国』開拓地犯罪概要」、山田昭次編『近代民衆の記録（6）満州移民』新人物往来社、昭和五十三年、四五一頁。
（11）同上。
（12）島木、前掲書、二〇頁。
（13）同上書、四七頁。
（14）小林夕持『ヤチボウズの根性』私家版、昭和四十四年、四四頁。
（15）森本繁『あゝ満蒙開拓青少年義勇軍』家の光協会、昭和四十八年、一五〇頁。
（16）島木、前掲書、八一頁。
（17）島木「或る作家の手記」『島木健作全集』第九巻、昭和五十一年、七四頁。
（18）島木「満州紀行」、前掲書、八〜九頁。
（19）島木「文学的自叙伝」『島木健作全集』第十三巻、三九七頁。
（20）同上書、三九八頁。

(21) 島木「生活の探求」『島木健作全集』第五巻、昭和五十一年、一一頁。
(22) 新保祐司『島木健作――義に飢ゑ渇く者』リブロポート、平成二年、八二頁。
(23) ポール・ラファルグ『怠ける権利』〈田淵晋也訳〉人文書院、昭和四十七年、三二頁。
(24) 島木「教養ある婦人」『島木健作全集』第十三巻、昭和五十五年、二六〇～二六一頁。
(25)「修養」と「教養」の問題については、次のような文献が参考となる。唐木順三『新版 現代史への試み』筑摩書房、昭和三十八年、宮川透『日本精神史の課題』紀伊国屋書店、昭和五十五年、筒井清忠『日本型「教養」の運命』岩波書店、平成七年。
(26) 饗庭孝男もこの点に触れてこうのべている。「島木は明治という、未だ日本の伝統的な儒教的な自己陶冶の修養の型をいだいたまま、大正を空中滑走して昭和に入ったような印象をわれわれに与えるのである。」(『近代の解体――知識人の文学』河出書房新社、昭和五十一年、二五八頁。)
(27) 井上俊夫『農民文学論』五月書房、昭和五十年、一四六頁。
(28) 同上書、一四六～一四七頁。
(29) 磯田光一『比較転向論序説――ロマン主義の精神形態』勁草書房、昭和四十三年、六六～六七頁。
(30) 綱澤『宮沢賢治――縄文の記憶』風媒社、平成二年、六九～七〇頁。

主要参考、引用文献（島木健作の作品は省略）

朝日新聞社編『満蒙開拓青少年義勇軍』朝日新聞社、昭和十年

西崎京子「ある農民文学者」、思想の科学研究会編『転向』上巻、平凡社、昭和三十四年
満州開拓史刊行会『満州開拓史』昭和四十一年
磯田光一『比較転向論序説――ロマン主義の精神形態』勁草書房、昭和四十三年
福田清人編『島木健作』清水書院、昭和四十四年
ポール・ラファルグ『怠ける権利』〈田淵晋也訳〉人文書院、昭和四十七年
小林夕持『ヤチボウズの根性』私家版、昭和四十四年
森本繁『あゝ満蒙開拓青少年義勇軍』家の光協会、昭和四十八年
井上俊夫『農民文学論』五月書房、昭和五十年
石田郁夫『土俗と解放――差別と支配の構造』社会評論社、昭和五十年
饗庭孝男『近代の解体――知識人の文学』河出書房新社、昭和五十一年
山田昭次編『近代民衆の記録（6）満州移民』新人物往来社、昭和五十三年
新保祐司『島木健作――義に飢ゑ渇く者』リブロポート、平成二年
『満州開拓青少年義勇軍関係資料』第一巻、不二出版、平成五年

第四章　岩佐作太郎の思想

近代以降に限定しても、日本には実に面白い思想が生れることがある。いうまでもなく、日本の近代思想といっても、その多くは外国からの輸入品で、日本人の生活の根源から湧出してくるものを素材にして構築されたものは皆無にちかい。したがって、いかなる思想が同時に、同一人物に共存していたとしても、なんら不思議はないのであるが、ただ極端な共存のケースがあることには注目してよい。黒と白とが、融合することなく、同じ枠内に整然と座っているのである。そこには、なんらの衝突もなければ、もちろん止揚もない。

近代日本にあって、国家権力の強権的弾圧によって、それまで己の抱いていた支持思想を放擲し、権力に沿った方向へ「転向」してゆく現象は多く見られはしたが、そういうものとも違った思想のありようが存在する。

私はここで、日本のあるアナーキストの思想を問題にしようとしている。その人物は岩佐作太郎である。日本のアナーキストとして、幸徳秋水や大杉栄の名は、極めてポピュラーであるが、彼らに較べ岩佐の知名度はかなり低い。今日彼の名を知る人はそう多くはなかろう。
岩佐の略歴を示せば次のようなものである。

明治十二年（一八七九）
千葉県長生郡にて生誕。
明治三十一年（一八九八）
東京法学院（現在の中央大学）を卒業。
明治三十四年（一九〇一）
アメリカに渡り、アナーキスト、エマ・ゴールドマンらを知る。
明治三十八年（一九〇五）
渡米してきた幸徳秋水と交流。
明治四十年（一九〇七）
倉持善三郎らと社会革命党を結成。
明治四十三年（一九一〇）
幸徳秋水らが捕われると、アメリカにおいて、「公開状──日本天皇及び属僚諸卿に与う」をものす。

大正三年（一九一四）
帰国し、郷里に軟禁される。
大正八年（一九一九）
労働運動社の客員的存在となる。
大正九年（一九二〇）
日本社会主義同盟の結成にあたり、中心的役割を果し、『社会主義』の発行名義人となる。
昭和二年（一九二七）
中国に行き、江湾国立労働大学の講師となる。
昭和四年（一九二九）
帰国し、全国労働組合自由連合会・黒色青年連盟の指導に当る。
昭和二十二年（一九四七）
日本アナーキスト連盟の全国委員会の委員長となる。
昭和四十二年（一九六七）
死去。(1)

アナーキズムは、基本的には権力を排除する。しかも、それはこの世に存在するあらゆる種類の権力をである。なぜなら、権力発生の根源に、人間の尊厳を絶滅させる、ある種の誘惑がひそんでいるとみるからである。

各人が、それぞれの特徴を生かしながら、自然発生的に社会を形成し、その社会のなかで、理想的生活を送ることをアナーキズムは夢見る。自由を拘束し、思想の画一化をはかる外部勢力に対し、アナーキズムは徹底的な闘争を宣言する。闘いのための武器として中央集権的組織は欲しない。あくまでも、個人の自発的エネルギーに、すべてをかけるのである。

松田道雄は、アナーキズムの特徴として、次のようなものをあげている。

その一つは、権力の完全否定である。

「アナーキズムの権力の否定は、もともと人間の個人の尊厳の思想である。同じ人間でありながら、勤労する労働者が、窮乏のなかに生きねばならぬことを人間性への侮辱とみたのである。人間はこの屈辱から解放されねばならない。そのためには人間に、この屈辱を強いている権力を排除しなければならない[2]。」

次は、いかなる個人の思想の自由をも容認し、画一化、均一化を拒否するというものである。つまり、思想の多元性を認めねばならぬことである。松田はこういう。

「アナーキズムのいまひとつの特徴は、その理論の多元性である。一切の権力の否定は、個人の思想による思想統一を拒否した。したがって各時代に、それぞれの時代の課題にたちむかった理論家を生みはしたが、マルクス主義のように、一つの世界観の連続的な発展というようなものを、だれも意図しなかった[3]。」

三つ目に、松田は芸術家とのつながりに触れる。

「それが人間の個性を尊重し、外部からの圧制を拒否するところから、芸術家のなかに多くの共感者をもったことである。アナーキズムの運動が労働者階級からはなれて、インテリゲンチャのなかにはいるほどこの傾向はつよくなる。(4)」

最後に、彼はテロリストとアナーキズムとの出会いをいう。

「アナーキズムはどこの国においてもテロリストの活躍する『黒い時代』を経験したことも一つの特徴としてあげなければならない。(5)」

なぜ、そうなるのか。次のような理由があるからだという。

「個人の自由をみとめ、人間性を信じ、かつ既存の権力の悪を宣伝しながら、統制すべき権威を自分の組織としてもたないとき、個人の暴力の自然発生をチェックするものをもち得ない。(6)」

日本に限定しても、アナーキズムは、それぞれの人物により独自の様相を呈しはするが、この松田の指摘は大旨あてはまるものであろう。ただ本稿で問題にする岩佐の場合も重要な意味を持ってくることになるが、天皇制との関連が、日本のアナーキズムの大きな特徴となるであろう。

さて、岩佐の思想はどうか。昭和二年の『無政府主義者は斯く答ふ』（労働運動社）と、昭和三十三年の『革命断想』（私家版）によって、彼の思想の核心に触れてみたい。『無政府主義者は斯く答ふ』の方は、秋山清もいうように、日本のアナーキズムの入門書的意味を持っていて、人口に膾炙したようである。(7) 本書は、世間のアナーキズムへの誤解の是正から始まっている。世間ではアナーキズムというものは、倫理もモラルも欠如した個人のエゴが衝突した状態で、紛糾、無秩序、混乱の坩堝のような評価をしているが、これは大きな誤りだと次のようにいう。

「そこには組織もあれば秩序もある。人々足り、家々給し、人倫五常の道は正しく行はれ、秩序ありあまる程で、仮令、其所に裁判所ありとするも係争事実なく、警察ありとするも取締るべき事故のない社会、換言すれば法律と強権の必要のない社会、即ち政府のいらない、無政府の社会を建設しやうと云ふのだ。[8]」

人間というものは、太古より共同して生活し、老若男女それぞれが社会的役割を果し、互いに尊重し合い、皆平和を願いながら暮らしてきたと岩佐はいう。恐らく岩佐には、南淵請安[9]や権藤成卿[10]らの理想世界が胸中に深く刻まれていたのであろう。

第二次世界大戦後（昭和二十一年）に書いた「国家の生命と社会革命」（『革命断想』所収）に、岩佐は南淵請安や農本的アナーキストとも呼べる安藤昌益にも触れているが、彼は当初から、この世の、この社会の基本的生活原理として、強権的政府の不必要性をその基調としていた。共産社会について彼はこうのべている。

「人類はながい、ながい間共産社会をなしてきた。五万年も、十万年も、あるいはもっともっとながい間共産社会をなして生活してきた。…（略）…共産社会、持ちつ、持たれつ互に助け合い、彼に必要なものはそれをとり、彼にできることはそれをする。こうして仲よく、暮らすのが、共産社会の共産社会である所以のもので、実に、人類の社会生活の根本基調でなくてはならない。[11]」

やがて、この原始共産制ともいうべき理想社会にも亀裂がはしり、持つ者と持たざる者が登場し、持つ者は支配者となり、持たざる者は被支配者となる。つまり階級社会の誕生である。支配者は己の特権的地位と、私有財産を死守しようとして、彼らに都合のよい強権を投入し、規矩をつくり、彼らに便利な社会を創造し、維持しようとする。

岩佐は、人類社会が奈落の底に突き落されてゆく根源的理由について、こうのべている。

「人間社会は所有する者と所有せざる者、搾取する者と搾取される者とが生じ、支配する者と支配さるゝ者との階級が生れ、其関係を維持し永続させるために法律が出来、宗教道徳が生れ、強権が生じた。斯くして其所に、人間の社会性は拘束を受け、圧迫さるゝことゝなった。そして其の拘束、其圧迫が益々濃厚に愈々厳酷になり、煩雑を極むるに及んで、人間生活は行詰り、益々悪化され、遂には滅亡するに至る。之れ歴史の語る所である。[12]」

アナーキズムというものの存在理由は、かつて存在した理想社会を地獄に突き落すこの悪辣な魔物、その魔物のためにつくられてきた強制制度、法、モラルを絶滅させることにある。この方向性を追求し、その維持に努めるものは、アナーキストでなければならぬ。それはたとえ勇ましくとも、幕末の志士仁人的義士たちのような行動であってはならぬ。確かに彼らは、大義名文を高らかに掲げはするが、実のところは、立身出世と権勢をねらう私的利益追求のにおいがするというのだ。つまり、志士たちは、「四海同胞、万民平等の大義のために闘った革命の戦士ではなかった。[13]」ということになる。

また、労働者階級を中心とする、いわゆる社会主義的階級闘争についても、岩佐は一喝する。

「この階級闘争は自己階級の地位の向上、境遇の改善が目的であって、本質的には革命運動足り得るものでない。之が極端に発達したとするも前の搾取に取り代り、自分達の支配、自分達の搾取を樹立するに過ぎないのだ。[14]」

岩佐は、働く民衆の日常的エネルギーを掠め取り、利用して階級闘争をあたかも全民衆のためと大言壮語する社会主義およびその政党に対し、それらを「悪魔」と呼び、次のように罵倒する。

「われわれが最も留意しなければならないことは、この地上の到るところのささやき『これではたまらない。世のたてなおしが来なくては』の声を聞いて、ひそかに、密かにほくそ笑む悪魔のあることとなり。人民の味方顔をして、人民の力を利用し、人民の名において、新旧掠奪者と妥協し、協調してその掠奪、その破壊のすそ別けにあずかることをねがい、あわよくば新旧掠奪者にとって代り、これ独り掠奪者、破壊者になろうとする悪利口者どもが出現したことだ。それは社会党の反動だ。[15]」

アナーキストは、徹底した自由と解放を主張する。しかし、それは、現勢力を強奪して、新しい権力体制を確立することでは断じてないことを強説する。彼らはあらゆる権力組織を持つことを極力嫌う。

天皇制支配権力に対しても、岩佐はいうまでもなく、強烈な批判の眼を持っていた。(のちに

その姿勢は崩れたが）

明治四十三年のことであるが、岩佐がアナーキストとしての評判を確立したといわれる「公開状―日本天皇及び属僚諸卿に与う」[16]がある。「国体」を疑い、「一系の王統」の価値を疑い、「国家のため」という奉仕の精神を疑う。「国体」、「天皇」、国家に直接する彼の言辞を、この「公開状」のなかから引いておこう。

「国に一系の王統の存在することを然かく誇るべきことなるか。自由自主のため死せるものなきこと然かく祝すべきことなのか…（略）…まことに尊べきは国体にあらず、祝すべきは従順なるがためにあらず。自己の自主、自由を保持すると同時に、他の自主・自由を尊重し、もって、万人の安全と幸福を期するにあり。[17]」

「日本天皇及び属僚諸卿、卿等よく熟慮し、よく努力し、よく画策し、よく実行す。然れども、その努力、その画策、その実行や、みなこれ国民を欺瞞し、凌辱し、圧制し、もって卿等一個の安逸、奢侈、淫蕩をほしいままにせんとするに外ならず。…（略）…『国家のため』という語は卿等によりて慣用せらるる旧套語にしてまた実に国民に忠君を強い、愛国を強ゆるところの術語たり。皇位の尊厳と国家の必要という文字は、国民を威嚇し、欺瞞し、強圧するところの慣用文字たるなり。[18]」

強烈な印象を与える個所を引用したが、結論としては、天皇およびその「属僚諸卿」への懇願、憂国の情に関して人後に落ちないところを見せている。[19] しかし、いずれにしても、岩佐は、彼ら、それらにいささかも期待してはならず、依存してもならない。この足で立たねばならないのである。人類全ての自由、平等、解放を強烈に願う者だけが、この重圧に耐え、それを押し退けることが出来る。甘い誘いに乗って、掠奪者に気を許してはならない。平易な岩佐の言を引いておこう。

「万人の自由、万人の解放が、虐げるもの、掠奪するものによって授けられることは、天と地がひっくりかえるとも、黄河が逆流することになろうともあり得ないのは言うをまたない。支配者、掠奪者たちは『無秩序』を制御するという口実の下に、強権と法律を制定し、政治家、宗教家、学者、軍人等々を腰につけ、自分たちの支配、自分たちの掠奪を、天壌無窮のものとしようとしているのだ[20]。」

ところがである。このような岩佐の主張、思想とは相容れないような、彼一流の国家論がやがて登場するのである。昭和十二年の『国家論大鋼』がそれである。

これは一口にいって、天皇制支配の容認、絶賛と、西洋的近代国家の批判、否定である。それまでの岩佐の主張からは想像もつかないほどのものであるが、さらに不思議なことは、この国家論を展開した岩佐が、第二次世界大戦後、日本アナーキスト連盟の全国委員長の任についていることである。このことから、この『国家論大綱』の偽装転向説も浮上するのである。この点に触れて秋山清はこうのべている。

「岩佐の『国家論大綱』の意見は、彼のそれ以前の活動、およびそれ以後—戦後の活動と、きっぱり思想的に無関係な、つまり全く偽装的な思想陳述であったか、という問題がわれわれの究明を待っているのである。[21]」

『国家論大綱』のなかに入ってみよう。岩佐は、国家にはその成立過程からして二つの種類があるという。その一つは、「統治者と被統治者との関係が、人間の社会性の、集団心理上に自然に生成発展したものであって、[22]」

そして、いま一つは、「統治者と被統治者との関係が、人為の工作に由って樹立されたもの、詳言すれば、征服とか契約とか、乃至は偽瞞等々に由って人間の社会性の、集団心理上の上に樹立された国家である。[23]」

岩佐は、前者を「自然生成的国家」と呼び、後者を「人為工作的国家」と呼ぶ。世界多数の国家ありといえども、「自然生成的国家」は、日本固有のものであり、統治者と被統治者の関係は、ちょうど親子の関係にも似ていて、統治者の有徳、賢明、被統治者の忠誠心、忠順心が存続する限り、この関係は、いかなる天変地異に遭遇しようとも、天壌無窮のものである。それに対し、後者の「人為工作的国家」におけるこれらの関係は、相対的で、統治者と被統治者は、その時々で、めまぐるしく変るという、実に不安定なものだという。

「自然生成的国家」における統治者は、いうまでもなく天皇であって、被統治者は、天皇の赤子たる国民ということになる。岩佐はこういう。

「我国の隆頽興亡は、諸外国と異なって、一つに繋がって、統治者の行蔵如何に依って決せられる。我国の統治者は申すも畏し、天皇に在すことは、今更憲法の条草にまつまでもなく、自然生成的国家の自然生成的国家たる本源が、そこに存在し、我国が世界に冠絶する所以もまたそこに存在するのである[24]。」

そして、この天皇を戴いた「自然生成的国家」を根源で支えるのは、忠良なる民でなければならぬ。この民についての岩佐の発言は次のようである。

「それ民は国の本である。民なければその国は存在しない。民草の繁栄は、その国の繁栄である。…(略)…民に餓色あり、その所を得ざるものあるに於ては、その国の栄えてゐない証左である。大学に学ぶにあらざれば解し得ざる如き、摩訶不思議なる私の教の到るところに行はれてゐるならば、それはその国の乱れてゐるからである[25]。」

このように、本来わが国は、慈悲の情あふれる天皇という絶対的統治者と、忠良なる民という存在の互いの信頼関係によって、開闢以来泰平の世が続いていたにもかかわらず、西洋的「人為工作的国家」を模倣し、それに基づく諸々の制度・法・強権を採用してしまった。そのために、世界に類を見ない「自然生成的国家」も、いまや、耐えがたき状況を露呈してしまったと岩佐はいう。私利私欲、虚栄にこりかたまった人間が増加し、社会全体が、立身出世のみに、血道をあげる結果となり、共存共栄、相互扶助という美しい人間関係は崩壊を余儀なくされた。この『国家論大綱』は次のように結ばれている。

「今や、我等は内外共に非常時局に際会してゐるのである。徒らに立身出世を念としてゐるべき時ではない。須らく、自然生成的国家たる我が国の一成員たる自覚を以って、尽忠の心に目ざめ、天壌無窮の自然生成的国家の向上発展のため尽すべきであらう。[26]」

「人為工作的国家」の弊害、欠陥を突き、「自然生成的国家」の長所を高らかにうたいあげる岩佐の心意を、私たちはどう読み取ればいいのか。

ここには、天皇制を最大限に利用しながら、近代国家に攻め入ろうとする手法が用いられているのか。岩佐がいうところの「自然生成的国家」とは、政治権力、政治体としての国家ではなく、その根底に秘されたものとして、パトリオティズム[27]ともいうべき、生活体としての「クニ」の意識が強くある。天皇を親として、国民を赤子とする家族主義的共同体のイメージがある。このことに執着することによって、強権をもって国民を抑圧する「人為工作的国家」を攻撃し、相対化しようとする。

西洋的「人為工作的国家」を憧憬、模倣するところから、衰退の一途を辿っている日本の近代国家に対し、天壌無窮の天皇制共同体を対峙させようとする。岩佐は天皇制を権力の体制とは見ない。権力から遠く離れた地点に天皇の存在を見、別次元に天皇制共同体を据える。

この『国家論大綱』に関する限り、「君側の奸」の排撃はあっても、決して君主の批判、排除はない。排除がないというがごとき消極的なものではなく、君主を徹底的に尊敬し、支持し、絶賛してゆくことによって、権力としての国家を相対化し、ついには否定してゆくところにもってゆきたいのである。権力否定の天皇制支持ということである。天皇制アナーキズムの誕生である。

実に奇妙な形態の誕生である。松本健一の次の発言は、この点を鋭く指摘したものである。

「昭和初期、世に天皇制アナキズムとでもよぶべき奇妙な思想が唱えられたことがあった。あらゆる権力の廃絶を志向するアナキズムと天皇制との結合は、いかにも論理矛盾である。なぜゆえに、かような論理矛盾がひとつの思想的形態をとりえたのか。…（略）…いったい天皇制とアナキズムという相対立するかにみえる二つの思想が結び合う可能性があるのか。もしあるとすれば、それは日本の近代思想の流れそのものの陥穽に因を発しており、この陥穽を剔抉することなく看過したがために結合しえたのではなかったろうか。[28]」

この奇妙な結合を可能にするものは、いったい何なのか。そこでは、一種の妖怪の如き農本主義的天皇制が、時代を超えて大きな役割を果しているように思われる。

徹底的に権力に反抗するというポーズをとりながら、しかもそれが岩佐の内面の究極的なものであったとしても、それを貫き通すことと、皇道主義、日本主義、天皇信仰を受け入れることが矛盾しないのである。国家と国民は敵対関係にあるとしても、天皇と国民はそうではなく、君民共治であり、各々が、「自然生成的国家」の完成、充実をめざすのである。

岩佐は農本主義者ではない。しかし、彼の反国家、反権力意識を支えている母体は、日本の伝統的農耕社会が保持してきたものであった。その保持してきたものが、衰退、破壊の危機に直面した時、それを奪還せんとするところに生れた、尊皇愛国的農本主義者の反国家的姿勢と岩佐の間に大きな違いはない。

農本主義者のなかにも、反国家的姿勢を貫こうとした者は多い。農耕社会、そこが培ってきた生活体系に最高の価値を置く彼らは、それを崩壊に追いやろうとする近代国家の襲撃に対して、それを必死に食い止めようとしたのである。急進的行動を伴う場合も少くはなかった。その時、農本主義者の依拠したものは、「社稷」であり、それを中心とする集団であった。「社稷」とは、万民にとっての衣・食・住、および男女の関係で、これはまた、万民にとっての倫理、道徳の根本となるものでもあった。農本主義者権藤成卿は、この「社稷」について、こうのべている。

「社稷は、国民衣食住の大源である、国民道徳の大源である、国民漸化の大源である、…（略）…殊に日本は、社稷の上に建設されたる国なれば、社稷を措いて其国は理解されぬ。明治以来一般日本の学問界に社稷観が喪亡したのは、学者が東洋学に注意せぬ様になった結果である。我国民は此の根本問題に向って深切丁寧なる注意を払ひ、後進子弟を導かねばならぬ。(29)」

要するに、土地なければ、住み、耕作するところなし、穀物なければ、食生活は成立しない。この土地の神と穀物の神を中心においた「社稷」は、人間の原点といってもよかろう。万が一にも、この「社稷」を排除することがあったとすれば、他の制度、機構の生誕は架空のものとなり、国家さえ空洞化されたものとなる。たとえ国家が消滅しても、「社稷」は依然として不動のままであると権藤は次のようにいう。

「制度が如何に変革しても、動かすべからざるは、社稷の観念である。衣食住の安固を度外視して、人類は存活し得べきものでない。世界皆な日本の版図に帰せば、日本の国家といふ観念は、不必要に帰するであらう。けれども社稷といふ観念は、取除くことが出来ぬ。国家とは、一の国が他の国と共立する場合に用ゐらるゝ語である。世界地図の色分である。…（略）…各国悉く其の国境を撤去するも、人類にして存する限りは、社稷の観念は損減を容るすべきものでない[30]。」

権藤の発言を額面通り、受けとめるとするならば、彼は国家および、それに付随して存在する諸々の価値を相対化し、「社稷」という原点に人類は戻るべきだということになる。人類が究極的に生きてあるところのもの、つまり自然性の根源にまで降りていって、人為工作的諸価値を打破する方途を、権藤は探ったことになる。

人工的国家を相対化し、人間の根源的生の拠り所である「社稷」の重要性を、忘却し、西洋的国家主義を模倣し、それを受容したところに、近代日本の不幸がある、というのが権藤のいいたいところである。

人為的、工作的国家を信奉するということは、本来、日本の国民性に馴染むものではなく、これを強要すれば、人心は乱れ、民衆は法と強権を畏怖し、そのために、それを回避せんとする道のみを探ることになる。為政者は為政者で、そうはさせじとして、いよいよ強権的となる。民衆の日常からは大きくかけ離れ、彼らの良心的エネルギーを封じ込め、抹殺する方向での倫理、道徳が際限なく構築されてゆくことになる。

岩佐は、国家をして国の寄生虫だときめつけたことがあるが、この国家こそ、「人為工作的国家」、「官僚制的国家」のことであり、国と呼んでいるものは、人間の自然性に基づいたところの「自然生成的国家」のことである。日本の近代は、この人為的な国家をなにかにつけて模倣し、それに翻弄され、日本固有の美しき共同体は、いまや瀕死の状態だと岩佐はいう。岩佐の言はこうだ。

「人類の社会生活は自然である。自由、平等、友愛はその基礎であり、源泉である。その社会生活の協同体である国をむしばみ、くいあらすものが国家である。国は国家にむしばまれ、くいあらされて荒涼、無残、修羅の巷化されている。されば人類の社会生活の本然の姿であるべき和親、協同、幸福、平和のものとするには、その寄生虫である国家をば廃棄し、国の上から払拭し去らねばならない[31]。」

このように、岩佐は、国家と国の間の断絶を強説する。「国家を廃する」を聞いて人は驚愕するかもしれぬが、なにも驚く必要はない。国家は無に化しても、国は残ると彼はいっているのだ。これは、権藤の国家と「社稷」の関係にちかい。国家というものは、ある歴史的段階において、人為的に創造されてゆくものであるが、「社稷」とか郷土の延長としての国という存在は、非歴史的なもので、人類永遠の感情によって成立しているものだとの認識がそこには、はたらいている。悪の根源ともいうべき国家の罪をあげればきりがないが、こういうものだと岩佐はいう。

「国家なるものがどんな役割を演じたか。数千万の人命は犠牲にされ、幾億万の財貨は蕩尽されたのである。こんな手近な例によっても国家が如何に恐るべき残虐者であり、絶大な浪費者であるかがわかる[32]。」

いうまでもないことであるが、岩佐にとっては、社会主義革命に成功して形成される社会主義国家も、強権的支配、人為工作的という点においてなんら罪多き国家にかわりはない。

ところで、この岩佐や権藤の「自然生成的国家」や「社稷」的国家は、真に権力的国家を相対化し、極限まで縮小させ、権力からの訣別をとげるものとなるのであろうか。

例えば、権藤の「社稷」への執着などは、反国家、反権力的ポーズはとるが、究極的、本質的には、それこそが、専制的王権を、支え、より完璧なものにしてゆく手段でしかないという次のような発言もある。

「社稷とはけっして古代的遺制あるいはイデーとしての『無政府社会』なのではない。それはアジア的専制権力の補完物であって、下級構造たる村落共同体の内部原理に干渉せずそれを『自治』にまかすような関係こそ、専制的国家の強力な権力の源泉だったのである。(33)」

「この社稷的共同体はけっして国家から〈自立〉するものではなく、仁徳と恣意的暴逆の双面神たる東洋的デスポットの君臨をむしろ根拠づけるものであった。(34)」

これは渡辺京二の指摘であるが、負の部分を知りながらも、「社稷」に、微小な期待を寄せていた者にとっては、惨殺的意味を持つかもしれぬ。しかし、たしかに、日本、アジアの政治支配のありようを詳察する時、この渡辺のような冷徹な眼は不可欠のものである。日本国家の細胞である村落共同体のなかに存在する民衆のエネルギーの相当の部分が、いつの時代も権力に利用されていった事実を私たちは忘れてはならない。

明治国家が内部対立の緩和策として、村落共同体を、春風駘蕩する非政治的空間として位置づけ、利用し、その後の支配も、多かれ少なかれ、この生活空間を政治支配の道具としてきたことは間違いない。もちろん、その郷土への強い感情が、国家、ナショナリズムにとって邪魔になれば、いつでもそれは切って捨てられるのであるが㉟。

「社稷」が国家権力を補完し、あるいは支援する面の大きいことを承知のうえで、しかし、それでも私は、それに、なお、かすかな期待をしてしまうのである。なぜなら、「社稷」を衣食住と男女の関係の根本的魂であるとするならば、そのなかで営まれる行為のすべてが、国家に吸引されてしまうことはないであろうという確信が私にはあるからである。

「社稷」を村落共同体においての物心両面の核と換言してもよかろう。権力は常にこの核となるものに触手をのばそうとする。そしてそれは、あるところまでは成功する。しかし、いかなる強権をもってしても、把捉しきれない民衆の「生」のエネルギーがある。それは、政治的国家から最も遠い地点で、幾重にも重なった壁の奥で呼吸しているものである。人間の秘めたる「生」である。

この人間の生存にかかわる最も原初的なもの、根源的自然性というものは、本来、啓蒙合理主義などが太刀打ち出来るものでもないし、いかなる強権をもってしても、吸引出来るものでもない。そして、この根源的自然性というものは、支配のための合理化、技術化、機械化などが徹底されればされるほど、その反動として、頭を持ち上げてくる。たとえ、それが敗北、自滅の道であったとしても。

「社稷」のなかには、人間生存の大源が失われてゆくことに対する悲痛な声と、原始性に期待するためのにじり寄りが埋め込まれなければなるまい。地獄での呻きも、そしてまた楽園での歓喜の声も、そのいずれもが民衆の真の肉声ならば。

さきの渡辺京二の忠告は忠告として、拝聴せねばならぬが、しかし、「社稷」に期待する者がいてもいい。高堂敏治は次のような発言をしている。

「だが、社稷の原抽象に立ちもどって、いかにしても喰らい生きのびんとするにんげんの最終的な生きざまを想い視るとき、国家社会形態がいかに破壊され、また現象的にどんなに変転しようが、社稷の原理は連綿として生き続けているではないか。そのしたたかなにんげんの営為を社稷と呼んでもいいのではないか。…（略）…敗戦直後、地を這い泥を喰いながらも生きのびたものがにんげんであるならば、ひとつの抽象がほかならぬ現実であるような社稷のいのちはいまもどこかに棲みついていると想うのだ。[36]」

さて、岩佐に話を戻そう。アナーキストとしての岩佐は、その道でも活動を彼なりに、精根こめて行ったし、彼の著である『無政府主義者は斯く答ふ』にしても、『革命断想』にしても、その任を果してきた。また、第二次世界大戦後も、その役割を担ったのである。

そこで問題になるのは、岩佐の『国家論大綱』の位置づけである。彼のアナーキストとしての人生のなかで、この著は、いったい、いかなる意味を持っていたのであろうか。

昭和八年の共産党指導者、佐野学、鍋山貞親の獄中転向声明以後、続出したわが信条の放棄という時流のなかにおいて岩佐もここで、転向声明をしたのであろうか。「警視総監通報」として「或る無政府主義者述『国家論大綱』」の「附記」に次のような文章がある。

「時局の推移を達観して従来抱懐せる無政府主義を放棄して国家主義に転換…（略）…本日九日付別添の如き『国家論大綱』と題する小冊子五百部を発行し、旧友に対しては転向声明の意味に於いて配布し、其の他は国家主義団体に配本したる模様にあり、尚本人は従来主張し来れる純理論の上に立つ自由平等を基礎として、為政家に対する態度を要望し自然生成的国家の本然性に立ち還れと主張し、山本（＝山本勝之助）の斡旋により橋本欣五郎、小林圧三郎等の国家主義運動と関連を持ちつつあり。(37)」

この文面によれば、アナーキストとしての思想、運動に訣別し、天皇を頂く「自然生成的国家」建設に寄与することを告げる岩佐の「転向声明」ということになる。

折からの厳しい弾圧に屈して、己のアナーキズム的共産主義の思想、運動を、根本から放棄し、決然と己の過去を絶つということのための「国家論」だったのか。しかも、その転向を、より完璧なものにするための、日本主義、国家主義運動にわが身をすり寄せてゆこうとする決意の表明であったのか。それとも、この文面には表示されてはいないが、強権による弾圧の嵐から、わが身を守るための一時的偽装であったのか。また、そのいずれでもなく、日本的アナーキストである岩佐は、内面の苦悩も葛藤もなく、極めて気軽に、国家主義への道を選択出来たのかもしれない。つまり、アナーキズムと天皇制は、なにも互いに排除しあうものではなく、共存可能とみたのであろう。岩佐にとって、「自然生成的国家」は、なにも権力に屈した結果ではなく、これで十二分に強権力を相対化し、極限まで追いつめることが可能と読んだものと思える。換言すれば、なにもそれほど危ない橋を渡らずとも、天皇制を尊重しながら、反国家の姿勢を貫くことは可能だとみたということである。人工的国家の廃棄と尊王愛国とは単に矛盾しないというだけではなく、「自然生成的国家」を強説することは、天皇制を擁護しつつ、反国家的姿勢を貫くことになるのであった。

昭和二十一年に書いた「国家の生命と社会革命」のなかで、岩佐はこういっている。

「村に帰れ、町に行け、そして氏神の森を見よ、そこにわが祖国の姿がある。憲法や市町村制上の人工的な村や町、そして国家とちがった、村、町、国が見えるはずだ。活眼を開いて見よ。憲法や市町村制上の村や国家は、ただ冷厳な巡査と収税役場として現われるであろう。これとちがって、私の村、私の町、私の国には暖みがあり、深みがある。そして親しみが見られるであろう。そこには墳墓の地があり、氏神の森がある。それはわれわれの祖宗が長い歳月を閲みして自治と共産の村をたて、町を作り、自然発生的に祖国をつくりあげて来たことを知るであろう。」(38)

岩佐はアナーキストとしての己の良心、つまり、反国家、反強権の思想を捨てることなく、また、犯されることなく、天皇制を維持、尊重することが可能だと思ったのである。天皇制に抵触することなく、アナーキズムが押し通せるという奇妙なかたちが、ここにあった。

岩佐は、「自然生成的国家」を提示し、現実の政治的国家の権威と幻想を相対化することには成功したといえよう。ところが問題は、それはどこまでも、天皇の宗教的権威に依存しつつ、利用しつつ、そうであったということである。深い地底で天皇制と現実に機能している国家とは、かたく結びついているということを知らねばならない。天皇制の宗教的権威は、いかなる国家が登場しようと、ある時は超然とし、ある時はそれに深く食い込み、極めて柔軟に姿を変えてゆくことの出来る存在である。この存在は、民衆の日常性との接触は実に巧妙である。薬になれば飲むが、毒になれば吐き出す。しかも、擬装的日常性を簡単に作為する。この擬装的日常性というものは、真の日常性を限りなく模倣し、真偽の見分けもつかぬほど巧妙に作為されてゆく。この作為の過程で、諸々の制度、機構、法がつくられてゆくのである。この擬装的日常性と真の日常性を識別する力を岩佐は持っていたかどうか。

注

（1）秋山清「アナキスト——岩佐作太郎・萩原恭次郎」（思想の科学研究会編『共同研究・転向』平凡社、昭和三十五年）、松田道雄編集・解説『アナーキズム』（〈現代日本思想大系16〉、筑摩書房、昭和四十一年、岩佐作太郎『革命断想』私家版、昭和四十六年など参照。

（2）松田道雄編集・解説『アナーキズム』（〈現代日本思想大系16〉、筑摩書房、昭和四十一年、一一一〜一一二頁。）

（3）同上書、一二頁。
（4）同上。
（5）同上書、一三頁
（6）同上。
（7）秋山清「アナキスト――岩佐作太郎・萩原恭次郎」（思想の科学研究会編『共同研究・転向』（中）平凡社、昭和三十五年）参照。
（8）岩佐作太郎『無政府主義者は斯く答ふ』労働運動社、昭和二年、三頁。
（9）『南淵書』の「民初第二」にこうある。「混蒙之也。民自然而治。載藉不備。熟知其詳焉。雖然飲食男女人之常性也。死亡貧苦人之常患也。遂其性去其患。皆自然之符。不勧而民赴之。不刑而民黽之。霊知発焉。機巧起焉。居近於海者漁。居近於山者佃。…（略）…古語云山福海利。各従天分是之謂歟。」（岡本勘三編『南淵書』〈岡山版〉昭和十二年、二～三頁。）
（10）『南淵書』から生れたといわれる権藤成卿の『自治民範』の「上世の自治」にもこうある。「飲食、男女は人の常性なり、死亡貧苦は人の常艱なり、其性を遂げ其艱を去るは、皆自然の符なれば、勧めさるも之に赴き刑せさるも之を黽め、居海に近き者は漁し、居山に近き者は佃し、民自然にして治る、古語に云ふ山福海利各天の分に従ふと、是の謂なり。」（権藤成卿『自治民範』平凡社、昭和二年、七頁。）
（11）岩佐『革命断想』私家本、昭和三十三年、八九頁。
（12）岩佐『無政府主義者は斯く答ふ』労働運動社、昭和二年、四～五頁。
（13）同上書、一二～一三頁。

(14)同上書、一九頁。
(15)岩佐『革命断想』、九三頁。
(16)秋山清は、この「公開状」について次のような評価を与えている。「この抗議文は幸徳事件の判決の前年十一月二十六日に日本に到着し、日本の新聞等には勿論発表されなかったが、在米日本人アナキスト岩佐作太郎の存在を強力に日本の支配階級に印象づけたものであり、帰国後の岩佐の存在が、堺、山川、大杉、荒畑らとならんで明治以来の社会主義者の巨頭的存在の一つに数えられることになったのも、多くこれらのことのためであった。」(秋山、前掲書、四四三頁。)
また、岩佐の『革命断想』に収録されている「公開状」の末尾にはこうある。「『右一編は、宮武外骨がその著〈幸徳一派の大逆事件顛末〉中に、在米邦人の熱烈なる叫びとして、『今より三十七年前たる明治四十三年十一月、米国桑港にいた岩佐作太郎より寄せられたもので、我日本の大阪に着したのが同年十一月二十六日であった《大逆事件の判決前》。その熱烈なる純真の愛国心が迸出した激文は、当時我日本国内では到底見ることを得ない破天荒の警声であると認め、爾来筐底深く蔵めおき、公表の時機の来るを待っていたのである。…(略)…』との前書きをもって、戴録されていたものをかりたのである。」(『革命断想』、一八八頁。)
(17)岩佐『革命断想』、一八三~一八四頁。
(18)同上書、一八五頁。
(19)「日本天皇及び属僚諸卿、余は卿等と、時と所を同じうして生れ、…(略)…卿等の万歳、卿等の子孫の繁栄を希うの情、豈卿等にゆずらんや。ねがわくは、卿等子孫のため、はたまた世界万民のため、速かにあやまれる歴史、虚偽の徳教を放擲し、無用有害の法規に拘泥せんことをやめ、世界の風潮、時勢の帰趨にかんがみ、万民共栄の新社会建設のため、考慮せんことを嘱望のいたりにたえざるなり。憂国の熱情胸にみち、思いみだれ、筆しぶり、その万分の一をつくす能わず。乞う、これを裁せよ。」(『革命断想』、一八八頁。)

(20) 同上書、一〇四頁。

(21) 秋山、前掲書、四三七頁。

(22) 参考文献懇談会編『思想月報』第三十四号(『昭和前期思想資料・第一期』文生書院出版株式会社、昭和四十九年、三三七頁。)

(23) 同上。

(24) 同上書、三四一~三四二頁。

(25) 同上書、三四二~三四三頁。

(26) 同上書、三五二頁。

(27) 橋川文三はパトリオティズムをこう説明している。「パトリオティズムはもともと自分の郷土、もしくはその所属する原始的集団への愛情であり、…(略)…即ち、歴史の時代をとわず、すべての人種、民族に認められる普遍的な感情であって、ナショナリズムのように、一定の歴史的段階においてはじめて登場した、新しい理念ではないということである。」(『ナショナリズム──その神話と論理』紀伊國屋書店、昭和四十三年、一六頁。)

(28) 松本健一『風土からの黙示──伝統的アナキズム序説』大和書房、昭和四十九年、五頁。

(29) 権藤成卿『自治民範』平凡社、昭和二年、二五五頁。

(30) 同上書、二六一～二六二頁。
(31) 岩佐『革命断想』、一七七頁。
(32) 同上書、一七九頁。
(33) 渡辺京二『日本コミューン主義の系譜』葦書房、昭和五十五年、九〇～九一頁。
(34) 同上書、九五頁。
(35) 郷土への執着、愛情とナショナリズムとの関係について、橋川文三も次のような指摘をしている。「要するに、人間永遠の感情として非歴史的に実在するパトリオティズムは、ナショナリズムという特定の歴史的段階において形成された一定の政治的教義によって時として利用され、時として排撃されるという関係におかれている。いわゆる郷土教育の必要が説かれるのは、ナショナリズムの画一主義が空洞化をもたらし、その人間論的基礎の再確認が必要とされる時期においてであるが、…(略)…その反面において、郷土的愛着心をたちきることがナショナリズムのために必要である場合は、それはしばしば『郷土主義』『郷党根性』として排斥される。」(前掲書、二二頁。)
(36) 高堂敏治『村上一郎私考』白地社、昭和六十年、六一頁。
(37) 参考文献懇談会編、前掲書、三三一頁。
(38) 岩佐『革命断想』、一一九頁。

主要参考・引用文献

権藤成卿『自治民範』平凡社、昭和二年

岩佐作太郎『無政府主義者は斯く答ふ』労働運動社、昭和二年
岡本勘三編『南淵書』〈岡山版〉、昭和十二年
岩佐作太郎『革命断想』私家本、昭和三十三年
秋山清『日本の反逆思想――アナキズムとテロルの系譜』現代思潮社、昭和三十五年
松田道雄編集・解説『アナーキズム』現代日本思想大系16、筑摩書房、昭和四十一年
ジョージ・ウドコック（白井厚訳）『アナキズム』（I）思想篇、紀伊國屋書店、昭和四十三年
橋川文三『ナショナリズム――その神話と論理』紀伊國屋書店、昭和四十三年
秋山清『反逆の信条』北冬書房、昭和四十八年
秋山清『あるアナキズムの系譜――大正・昭和のアナキスト詩人たち』冬樹社・昭和四十八年
松本健一『風土からの黙示――伝統的アナキズム序説』大和書房、昭和四十九年
渡辺京二『日本コミューン主義の系譜』葦書房、昭和五十五年
高堂敏治『村上一郎私考』白地社、昭和六十年
板垣哲夫『近代日本のアナーキズム思想』吉川弘文館、平成八年

第五章　保田與重郎の「農」の思想

日本近代の誤道と近代の終焉を宣言し、その近代の浅慮さを極度に嗤った点で、日本浪曼派と農本主義は、通底するものを持っていることはいうまでもない。

これまでに、私たちは幸いにもこの両者の比較、関連についてのいくつかの卓越した先行研究を持っている。藤田省三、橋川文三、大久保典夫、桶谷秀昭らの研究がそれである。橋川の研究の一部分をあげておこう。制度学的農本主義者で、五・一五事件にも影響を与え、『自治民範』、『農村自救論』などの著者として知られる権藤成卿と、日本浪曼派の代表的存在である保田與重郎を橋川は、次のように比較して見せてくれた。

「権藤のいう『プロシア式国家主義』とは、保田における『文明開化』主義の同義語であり、その担い手としての『官僚』政治に対する農本主義の批判は保田においては、『唯物論研究会』を含む『大正官僚式』の『アカデミズム』批判として、あらわれたといえよう。いわばこの二つの思想に共通する反近代主義は、一は制度学の観念的論証によるユートピアな国家批判として、他方は、国学の主情主義的美学にもとづく文明批判として、ともに明治以降の新国家形成の原理に対し一貫した批判を加えたものであった(1)。」

いうまでもなく、日本浪曼派と農本主義を本格的に比較検討することには、その物差し、尺度にも無理があり、限界があることは、橋川も認めているところである。そのことに関しての橋川の言はこうである。

「しかし、もともと、文学史事件としての日本のロマン派を、なんらかの農本思想と関連させて論じることは、このあたりが限界であるかもしれない(2)。」

保田本人も「わが神の道」を、政治支配の一手段たる農本主義とは、区別せねばならぬと次のようにのべている。

「農耕生活そのものの諸般の関係と交渉の中で認められた、生産を生成する道が、わが神の道である。この道を万般におし拡めることは、所謂農本主義ではない。封建制度を維持するための農本主義や、富国強兵政策のためにとられた農の尊重は、支配の一つの方法であって、神道に立脚するものではない(3)。」

本稿で、私はこの日本浪曼派の代表者としての保田の「農」に寄せる思いを、第二次世界大戦後に彼が書いた『日本に祈る』、『現代畸人傳』などを中心に洗ってみたいと考える。本稿が、日本浪曼派と農本主義の本格的比較にならないのはいうまでもないが、保田の「農」の思想に限定しても、その特徴を十分に拾い上げれるとも思っていない。

第二次世界大戦後、保田は極めて短期的ではあったが、鍬を持ったことがある。昭和二十一年五月、祖国日本に帰還してからのことである。実は保田も一人の出征兵として異国の地を踏むという体験を持っていたのである。病み上がりのうえ、三十五歳(4)という年齢を考慮すれば、兵役拒否も、あるいは可能であったかもしれないが、保田はそうすることなく、従容としてその運命を受け入れたのである。復仇徴兵といった説もないことないが、そのことに関しての詳細な証拠が発見されているわけでもない。

とにもかくにも、保田は、次のような不安定な状態で出征したというのだ。

「出征の前年の秋から、文人としての私は殆ど筆を絶つといふ状態であった。そのはてに年末から正月にかけて、忽ち病み忽ち死の間を彷徨してゐたのである。かくて一死を保ちつゝ病臥三ヶ月、床をあげる暇もなく、大患の病中に召命を拝したのであった。しかも有無の間もなく、北九州の港を船出して、無事半島に到着すると、それから先は、軍馬輸送用の不潔この上ない貨車に、やうやく横臥し得るばかりの席を与へられたといふ状態であった。老兵加ふるに病中の疲労、身体は困憊の極にゐたのである。(5)」

この病人同然の老兵を、国家は何故必要としたのであろうか。いかなる戦場で、いかなる戦闘が彼に可能だというのであろうか。

「何故この私が」という思いが、ないはずはなかろう。他人もまたそう思うに違いない。しかし、そのことを、彼は誰にも、何処にも漏らしていない。言えなかったのではなく、言わなかったのであろう。彼はこの状態を、己の内面から湧出してくる自然の感情にちかいものまで、昇華しえていたのであろうか。

敗戦となり、命からがら帰還して保田は、彼の故郷である大和桜井(6)に、落ち着くことになった。農耕生活に入ったとはいうものの、これを「帰農」と呼ぶには、かなりの無理があるというものだ。彼は仕方なく、敗戦の結果、この地に戻ったというだけであって、それまでの己の生き方を疑い、内部生命の充実のために、「農」に、自然に、大地に還ったというようなものではない。

汚濁と混迷の渦巻く大都市の生活に疲れ、また、ヨーロッパ的知の追跡に絶望し、「農」に回帰し、原初的生命の根源を求めて彷徨した知識人の数は数え切れない。江渡狄嶺、橘孝三郎、加藤一夫、石川三四郎など、あげればきりがないが、保田の大和桜井への住まいは、いかなるものであったか。彼の農耕生活とは、およそ次のようなものであったという人もいる。

「余談になるが、保田與重郎の農耕生活といふものがどの程度のものであったか、よくわからないが、こんな伝聞がある。以前の文学仲間が心配して訪ねて行ったところ、実際に働いてゐるのは夫人で、保田與重郎当人は、稲の束を掛ける衿棒に頬杖突いて眺めてゐたといふ。これはありさうな話で、たとへば、雑誌『祖国』に連載された『農村記』といふエッセイをみても、筆者の農耕体験は窺えないのである。(7)」

しかし、問題はそんなところにあるのではない。現実の農耕生活が、この程度のものであったとしても、保田がこの大和桜井の地で得たものは、けっして小さくはない。それになによりも、数々の無念さと病後の身体を、限りなく癒してくれる最高の場所が、この地であったことは間違いない。

身を引き裂かれるような日常を枠外に置き、山紫水明の自然のみを語り、うたう文人の傲慢さがあろうとなかろうと、保田は大和三山の泣きたくなるような美姿によって救われたのである。わけもなく頬をつたう涙を、保田は止めることが出来なかった。

まさしく大和桜井は、保田にとって「鹿の湯」的存在であっただろう。彼の心情は次のようなものであった。

「五月に帰国してからは、村より一歩も出ず、都会を見ず、たゞ泪の出るほどに美しい故国の山野の中で、この安貞の書（宮崎安貞の『農業全書』——綱澤）を日夕の友としてゐた期間が、かなり久しかった。小生の帰国の第一印象は、美しいふるさとといふ感銘であった。三山を初めて見た時、真実に泪があふれてしかもその意味はわからなかった。」(8)

理屈をつけることさえ不可能な涙のなかで、保田は鍬を手にしたのである。本格的農民ということではないが、ここで身体を動かし、汗をかくなかで間違いなく彼の傷心は癒されていった。わが故郷に座し、飢餓も、暴力もない清浄のなかで、保田は贅沢ともいえる暮らしを、わがものとしたのである。保田のここでの農耕生活に、なにも深淵な思想的動機をあえて探る必要はないが、このことが契機となって、彼の「米つくり」の思想、絶対平和論、アジア論が確認され、拡大され、「農」にかかわる思想が全面的に開花していったことの意味は大きい。

無残な「農」の現実に身を置いたこともなければ、「農」の貧困対策に熱い視線を向けたこともない保田に「農」を語る資格などないという説は正しいか。保田の農村、農業、農民への眼差を愚弄する人は少なくない。

「保田與重郎の『農村記』は農のリアリティを欠落させていることおびただしい凄まじい誤解の書」(9)だとしたのは、松永伍一であるが、彼は保田を「農」に関する妄想人、夢想人として徹底して弾劾している。地獄のような日常を強いられて生きる耕作農民の実態を見ることも、知ることもなく、豊葦原の瑞穂の国で、春の海にも似たような生活ぶりを夢想し、幻想的農民をうたいあげる保田などに、知ったかぶりをされてはたまらぬとの思いが松永にはある。松永は、保田の次のような文章を引き、罵倒する。

「封建時代の農業の過大な労力といふものが、案外にさほどでもないといふ事実を知ったのである。今日は多角経営輪作農法の時代である。根気をつめた労力といふ点では、今日の農法の場合の方が、はるかに過重だといふことを知った。それほど今日の農業に消費される労力は、繁雑過大にして、且つわづらはしい思想を伴っているのである。しかし役人と、その同じ思想の人には、農民に工夫が足りないことを、農村の貧困の原因とみてゐる。真実は思考を伴った労力と、粗食生活に疲れてゐるのである。封建時代の農業は悠暢で、今より大様な労力を、大様に費やしてゐたのである。(10)」

この文章を読んだ読者に対し、松永は続けて、こういう。

「はたしてそうか、と反射的に切り返す想いを持たぬ人間は、農を云々する資格がないと心得られよ。」(11)

松永でなくとも、この保田の言辞を、無条件で、「その通りだ」といって納得し是認する者はいないであろう。たしかに農業も時代とともにその経営、技術の面で複雑、多岐になり、大いに研究・努力が課せられてくることはいうまでもない。しかし、そうかといって、このことが、土地制度の矛盾や、身分制度の桎梏ぬきで語られるとするならば、それは、やはり大きな間違いであるし、恐ろしい断定であるといわなければなるまい。

非在の美に幻想を抱き、阿鼻叫喚的現実を覗こうともしない保田に対し、松永は鬼気せまる地獄の風景を示してやろうという。松永の地獄紹介の一部を引けば、次のようなものである。

「同じ飢餓の折柄なれば、他郷の人々には目も掛けず、一飯与ふる人もなく、日々に千人、二千人流民共に餓死せし由、又、出行く事のかなわずして残り留る者共は、食ふべきものの限りは食ひたれど、後には尽果て、先に死たる屍を切取ては食いし由、或は小児の首を切、頭面の皮を剥去りて焼火の中にて焙り焼、頭蓋のわれ目に篦をさし入、脳味噌を引出し、草木の根葉をまぜたきて食ひし人も有しと也。(『後見草』による」)(12)

このような世界をよそに、後鳥羽院、後水尾院、本居宣長などにうつつをぬかす保田などには「農」を語らせるな、というのであろう。保田批判、日本浪曼派批判の一つとして、このような批判があってもいいと思う。嘘だ！　騙だ！　幻想だ！　卑怯だ！　と保田を批判する松永には、彼なりの「農」への取り組み、体験、深い洞察力があってのことであろう[13]。

しかし、この松永のような批判の矢が、真に保田の心臓をぶち抜くことにつながるものであるかといえば、必ずしもそうではあるまい。夢想人には夢想人の存在理由があり、詩人、歌人にも、また、神話の語り部にも、それぞれの生きる世界があっていい。現実的認識の甘さ、不徹底さだけを指摘しても、それだけでは有効性にかけるというものだ。同じ土俵で相撲をとることにならないのではないか、という思いが私にはある。杉浦明平らの保田批判も同様である。杉浦は、保田をファシズム協力者、「赤狩り」の名手だとして弾劾する。執拗なまでの悪口雑言を浴びせる。若かりし時、杉浦は保田を次のようにこきおろしたのであった。保田は「剽窃の名人、空白なる思想の下にある生れながらのデマゴーグ――あのきざのかぎりともいふべきしかも煽情的なる美文を見よ――図々しさの典型として、彼は日本帝国主義の最も深刻なる代弁人であった[14]」として、彼は多くの民衆を「征服し殺戮し強姦し焼払ふこと、それだけが天皇の御稜威であり聖戦の目的であると断言した[15]」という。しかも、これだけでは、おさまらぬ保田は、官憲と協力し、「他人の本の中の赤い臭をかいではこれを参謀本部第何課に報告する[16]」ことをやってのけたともいう。

保田に、このような、時局便乗主義者でファシズム協力者、俗流聖戦思想家としての烙印を押し、憎悪の雨を降らすのは勝手であるが、このことが保田、日本浪曼派への真の理解、批判を鈍らせたことは否めない。保田が単純な時局便乗主義者であったかどうかを、よく見極めることが前提とならねばならなかったのである。

保田に雑言を浴びせた杉浦を、後になって、こきおろす論者が登場するのは当然のことである。[17]強権によって、徹底的に抑圧され、拘束されていたものが、解放されたわけだから、その反動が、軽率で見境ない言動が生れても、ある程度は仕方ないところはある。しかし、このことで、味噌も糞もいっしょ、というか、湯水と共に赤子をも流してしまうような状況が生れたのは不幸であった。他人によって倒されたものを、己の力によるものだと錯覚する雰囲気が、広範囲にわたって見られた。

竹内好は、そのような状況を極めて冷静に、しかも鋭く厳しく把握し、次のような忠告を公にしてくれたのであった。

「マルクス主義者を含めての近代主義者たちは、血ぬられた民族主義をよけて通った。…（略）…『日本ロマン派』を黙殺することが正しいとされた。」しかし、『日本ロマン派』を倒したものは、かれらではなくて外の力なのである。外の力によって倒されたものを「自分が倒したように、自分の力を過信したことはなかっただろうか。…（略）…かれらの攻撃というのは、まともな対決ではない。相手の発生根拠に立ち入って、内在批評を試みたものではない。それのみが敵を倒す唯一の方法である対決をよけた攻撃なのだ。極端にいえば、ザマ見やがれの調子である。[18]」

ところで、保田の「農」にかかわる思想とは何であったのか。保田の生命は八・一五で絶えたという人もいる。その人たちは保田が聖戦と称し、そこにあずけた己の全存在が、霧散してしまったという。しかし、私はそうは思わない。彼の文学・思想そのものの存在は、敗戦を経過しても、変らず異彩を放っている。保田の存在の根拠は非存在の美をうたうことであり、「偉大なる敗北」そのものであった。

第二次世界大戦後、保田の思いの一つは、「米つくり」の思想に行った。「近代の終焉」のはてにくるものは、日本人の道義としての「米つくり」の思想以外にはないということを保田はいっているのだ。

この「米つくり」を根底で支えているところの「勤労」、「労働」に関する保田の説から見ていこう。「米つくり」という農耕を、彼は近代的労働観、つまり商品価値としての労働といったものから、厳しく区別している。

一例をあげれば、

「わが農村の生活に於て、勤労といふことを、今日の通念として単なる、労働力として考へては、利潤を考へる理の導くままに従へば、その日から農を放棄せねばならぬ結論となる。それは近代生活と相合はない過労だからである。しかもこの世界無比の勤労は、大方に運命のまへにさゝげられてゐるのである。たゞし勤労の運命は、暴虐な悪神や絶大な権力者のまへにさらされてゐるのではない。しからば、そのしば〳〵無償とさへ見える勤労とは何を云ふか。それを云ふことは、わが農のみち、古のみち、生産（むすび）のみちといふものを明らかにする謂となる。[19]」

農耕という活動は、商品としての価値があるから尊いのではなく、無償の行為であるところに意味があり、価値があるというのである。労働力の商品化を極力嫌い、金銭、利潤、を考慮の外に置いて、神聖なる行為としての農耕、それこそが日本人の道義の恢宏につながるものとなるというのだ。この保田の農耕に関する労働観は、一般的農本主義者のそれに、表面的には酷似してしまうところがある。

近代日本の農学、農政学、農業教育の世界に君臨したことのある横井時敬の言を引いておこう。

「小農者は専ら土地を耕して、その生産物を取って行くと云ふことが主であって、彼は多くの経済的思想を懐かないのである。若し彼をして経済的思想を懐かしめたならば、彼は容易にその業を持続することをせずして、之を放棄するであらうと思ふ。今日の学者は動もすれば、我が国の農民が経済思想に乏しいと云ふことを以て患として居る。併し我が小農者は斯の如き批難に対しては、御尤であると言ふことも言はれぬに相違ない。」[20]

経済とは次元の異なるところに、生産活動を置き、その貫徹と充実に、耕作者は生きるを旨とするというのである。表面的に見るかぎり、保田、横井の両者の言に差はないように見える。この表面的理解そのもの、つまり無償としての勤労観は、国家権力の最も欲しがるものであった。金銭欲、出世欲といった世俗的価値には目もくれず、黙して働く「良民」の創出こそ、願ってもない権力が期待する人間像であった。横井の農民教育の核心はそれを援助するものであったといってよかろう。しかし、似てはいるが、保田は同じ立場に立っていたわけではない。保田にすれば農耕に従事する農民、彼らの住まいする農村は、いかなるものの手段になってもならず、絶対的、神秘的なものでなくてはならなかった。そして報酬を期待しないこの労働こそが、政治、時務情勢を追放するところの「みち」の実践であるとしたのである。保田はこういう。

「わが原有の勤労観は、封建時代の勤労観でもなく、資本主義や社会主義の論理でもない、それは別個の道の上に立って、別個の秩序の基となるものである。物はみな汗の賜物といふ考へ方は、生産（むすび）に基く勤労観からは出ない。それは社会主義的道徳の基礎である。この人工一方の考え方は、工場生産にあたるかもしれぬが、農の生産活動では、現実的に妥当せぬのである。[21]」

　保田にとって勤労とは「米つくり」であって、その「米つくり」は、神によって、「ことよされ[22]」たものであった。この「米つくり」に従事する人間は、貧困を云々することはない。その人たちは貧乏を云々することはないが、彼らの犠牲があって、はじめて近代文明、資本主義の今日があることを保田が知らぬではない。農民、農業、農村の犠牲の上に聳立する文明について、保田は次のようにのべている。

「明治の文明開化以来、日本の農民の父祖たちは、最も激しい貧困の負目を荷ってきたのである。日本の近代文明と近代兵備は、国民の六割を占める農村人口の貧乏によって償はれてきたのである。西田哲学も田辺哲学も白樺文学も、その人もその生活も、みな農民の貧乏といふ自覚された犠牲の上に開いた近代文物である。[23]」

　日本の近代文明を、農民の貧困の犠牲の上に咲いた徒花だとして、保田はこれを唾棄するが、そのなかで彼は「自覚された犠牲」をいうのである。「米つくり」を核とする日常を持つ人間は、近代という生活空間のなかで貧困を余儀なくされてはいるが、それは堅忍持久といった他からの強制的道徳に従うというようなものではなく、自らの悟りに依存しているというのである。

道義なき近代生活などとは次元の違うところで生き死にする農民の生活には、奢侈、贅沢はないが、豊かさがある。つまり、農民は「米つくり」をわがものにすることによって、十全に生きることを行っているのだという。

この生き方を実践的に奨励している一人の人物を、保田は「満州」の広野に見たことがあるという。つまり、近代に沿った政治も経済も峻拒しながら、本来の「米つくり」を説いている人物を発見したというのだ。

「私は満州事変直後の満州へゆき、その赤い夕陽の広野に立って、ここでなす日本人の農業に機械力を使ってはならぬ、腕で一鍬づつ、一鍬づつ土を掘りおこせといって、頑強に軍部に抗して自説を立て貫いた水戸の大なる人を、一度は残酷をしひる固陋の人と思ひ、年をへてこの聖者の如き人の心の中に燃えてゐる、東洋の道徳の燈に、今日の人道第一の光を感銘してうけとったことだった。此類ない大なる人道の燈だった。[24]」

保田の見たのは、かかる精神を持った「水戸の大なる人」であったが、「満州」の開拓地を訪れ、開拓地および青少年義勇軍の訓練所を訪れ、のちに『満州紀行』(昭和十五年)を書いた、作家島木健作は、直に開拓に従事する人たちに接し、保田にちかい思い入れをした。ことの成就や貧困が問題ではなく、激寒の大地に無心で鍬をぶちこむ開拓民の精神のなかに、島木は神にちかい存在を想定した。その勤労そのものに絶対的価値を置き、究極の美を据えた。近代の侵攻により、腐敗堕落してしまった精神を浄化する場として、島木には農村があり、開拓地があった。可能であれば、己もその世界に埋没し、「転向」の後遺症はいうまでもなく、なにもかも忘れたいほどの心境に陥っていた。それほどまでに、島木は、この開拓地の精神を高く評価しようとしたのである。彼はこの『満州紀行』のなかで、次のような文章を遺している。

「名においても、物質においてもむくいられることなく、そのやうな生活がすでに十年にも近いといふことは！　死をかけて一瞬に事を決するといふ勇気にまさる大きな勇気を必要とするやうな行為が、いかに物静かに、つつましい謙譲さでつづけられてゐることであろう。何年来、見ることのなかった行動の世界の美しさが私をとらへた。なにもかも一擲して、さういふ世界へ入って行きたいといふこころさへもゆさぶられるのだった[25]。」

島木健作と保田與重郎のこの表面的言辞だけを並べ、その類似性を指摘することによって、両者の心中の同一性をいうのは、短絡に過ぎるが、生産活動に没頭する農民への無条件的賛美は、両者が共通して宿していたものであったろう。おそらく、それは、近代的知ではなく、信とか情といった世界につながるものであったろう。両者の農本思想の本格的比較検討は次の機会に譲るとして、保田のこの生産活動は、いかなる場合にあっても、手段であってはならず、それ自身が独立、自立し、自足して完結するものでなければならなかった。これを農本思想と称することは出来ても、他のいわゆる農本主義とは、この点で袂を分かつのである。

日露戦争以後、日本は農業国家から工業国家へと転換し、日本の社会構造は大きく変貌し、それを貫く価値規準も転換を余儀なくされていったが、農本主義も、この日露戦争を機に、種々の政治的潮流のなかで、己の果す役割を変えていった。その諸相を保田は見抜いていた。例外はあるが、多くの農本主義者が、古色蒼然とした精神主義を説きながらも、便利さ、改良、スピード、近代そのものを現実的には拒んではいない。尊皇攘夷を高唱しながら近代を是とした。これは日本近代化の道そのものであり、明治国家初発の姿勢そのものであった。工業化、武装化、近代化と決然と別れを告げ、徹底した精神主義に固執する域を出なかったなら、農本主義とファシズムの関係はいま少し違ったものになっていたかもしれない。

農民は貧乏を維持するよう努めているなどと保田はいうが、そのようなことが、現実世界での農民の感覚であろうはずがない。農民の多くは、農業の近代化を願いつつ、生産の豊かさを祈願している。そしてそのための祭りを維持してきたのである。化学肥料、農薬、品種改良、農機具等々に期待し、農民は保田と違って、近代をおおいに必要としたのである。

しかし、保田はそういう農民像を己の心中に結んだことはない。保田の描いた農民像は次のようなものであった。

「保田與重郎の貧しい物云はぬ農民は、封建制度の遺物などでなく、延喜式祝詞に表現されてゐる神々の意志に応へ、永遠の日本の道義をどんな観念や理屈以前に保守してゐる人々である。(26)」

永遠の日本の道義を維持、継承してきた農民は、いかなる貧困も、矛盾も、ものともせず、近代生活を峻拒しつつ、「米つくり」に専念すべきであり、それこそが、日本、アジアの基本的道だと、保田はいう。

ここに彼の「米つくり」の本格的文化確立のための日本・アジア観が生れてくる。精神の偉大さ、光輝さを選択することなく、僅少の物的豊かさに傾斜してゆくことは、ヨーロッパ文明に服従することであり、つまり近代文明にのみ込まれてゆくことであるというのが、保田の主張である。

保田のいう通り、アジアはヨーロッパのためのものとなり、ヨーロッパの侵襲によって、肉体も魂も強奪されることによってのみ、アジアたり得るという屈辱的歴史を持った。

岡倉天心の言にもある通り(27)、ヨーロッパの輝かしい歴史は、アジアのおちぶれてゆく歴史であった。そういう意味で、自立したアジアはなく、ヨーロッパの近代文明という強権によって食い物にされて、はじめてアジアはアジアであった。アジアに停滞という烙印を押したのもヨーロッパにほかならない。略奪と強圧によって、自己拡張、維持してゆくことが、科学技術を過信してゆくヨーロッパ文明の本質であるかぎり、そこには「力」以外のものは何もなく、その「力」を正当化する諸々の情報が用意されるだけである。その「力」の格好の餌食になったのが、アジア全般であった。したがって、日本やアジアが、ヨーロッパの近代を理想とし、その後を追随しているかぎり、永久に日本、アジアの自立はないことになる。日本、アジアはこの原理、原則から身を引くべきなのである。ヨーロッパのためのアジアの位置づけを、「第一次アジアの発見」だとすれば、アジアの独自の道を、「第二次アジアの発見」だと称し、これを目指す以外に、われわれの道義はないと、次のように保田はいう。

「近代史の開始を意味する『アジアの発見』は、ヨーロッパによって、ヨーロッパのために、アジアをアジアといふ形に定めたことであった。ヨーロッパ対アジアといふ形で、アジアは一つの概念として発見せられた。かくて隆々と近代文明は太った。しかし、さうした生活様式に対する第一次アジアの発見の次に、必ず第二次アジアの発見がなければならぬ。それは道義であり公道である。……（略）……最大の思想として最大の救世主として迎へられる思想は、第二次のアジアの発見の他にない。しかもそれは自己発見の他にない。[28]」

他によって発見され、他の餌食になることによって、はじめて認識されるという悲哀の歴史を刻んできたアジアは、その屈辱の歴史を払拭し、新たな自立の道を、徹底した「米つくり」に求めなければならない。それは、まさしく、近代生活の根源的否定であり、神の道である。侵略、支配、強権などのない世界、それは日本、アジアの生産活動を除いてはないという。ヨーロッパ的近代生活は、なんとしても拒否するという強力な意志をアジアは持たねばならないのだ。近代生活を甘受しようとする姿勢は、人のふみおこなう道の上からは、犯罪となるかもしれないと、保田はこうのべている。

「アジア或ひは日本に於て、近代の生活をなすことは、可能であるか、その間に平気で可能と答へて実現しようと思ふ者は、その時如何なる道義上の犯罪をなしてゐるか、といふことを反省する必要がある。(29)」

自己保存という目的のために、己の魂まで腐らせながら、侵略、支配に明け暮れするヨーロッパ近代に対し、保田はアジアの絶対的平和論を展開するのである。これは、日本近代史のなかで登場した、いわゆる国粋的アジア主義ではないことを、彼は強説している。保田のヨーロッパにはない、この絶対平和論とは何か。「絶対」というのであるからには、「相対」があるはずである。相対的平和とは、保田にいわせれば、いかなるかたちで、いかなる内容であっても、それが戦火を交えていなければ是とするものである。暴力の均衡、同化、服従、なんでもありである。これはじつに政治的、外交的平和論であって、極めて現実的世界のものである。このような政治的駆け引きのなかに見られる狡知から、保田のいう絶対平和論は生れない。そもそも彼のこの思想は、政治、時務情勢とは、なじまぬものである。

第二次世界大戦後の、喧噪ともいえる平和主義や民主主義の底の浅さを知っていた保田は、それを心の底から嗤っていたし、そこに散乱する歯の浮くような「善意」や「ヒューマニズム」を軽蔑した。

国家を適当に批判しながらも、その犠牲になることを極力恐れ、結局はそれに同調し、加担してゆく姿が、戦後日本の近代主義者たちの正義であり、平和であった。彼らは、ファシズムに触れないこと、あるいはただ追放することをもって知的人間だと錯覚した。近代を口先で批判し、近代によって破壊されてゆくものに最大の恋情を寄せ、それを保存しようというポーズをとりながら、じつは近代生活という湯に首までつかり、安全地帯で生きてきたのが、彼らの多くであった。保田は、その姿勢を道義的犯罪だとする。保田の絶対平和論を印象づける言辞をあげておこう。それは、甘い誘いをかけてくる近代生活を峻拒し、「米つくり」と祭りの結合のなかにある世界である。

「近代史の進路と同じ見地に立ち、近代の歩んできた道に従って平和を求めることからは、決して絶対の平和がこないことを了知してゐる。日本人は近代生活の誘惑をすてゝ、絶対平和の基礎となる生活に入る方へ歩まねばならぬといふことを、日本人の間で本気で相談する機会を作らねばならぬと考へてゐる。[30]」

「憲法上で最も大切なことは、祝詞式のいふくらしと祭りとまつりごととの関係が、何を根底とし、どういふ思想道徳をうみ出すかといふことである。米つくりと祭りを一つとしたくらしは、絶対の平和生活である。支配とか侵略といふものの発生せぬ生活である。[31]」

「米つくり」と祭りとが合体したところに成立する絶対平和が、心なき外敵に脅かされ、侵入の恐怖におそわれた場合、この平和は何によって防御されるのか。防御は「竹槍」しかない、というのが保田の回答である。

この「竹槍」による応戦を嘲笑し、愚弄することは、たやすいが、保田にすれば、この嘲笑、愚弄こそが、愚論なのである。早川孝太郎（民俗学）の案山子に関する考察をもってきて、これは攻撃の手段ではなく、懸命に生産している米を、どうぞ盗まないでくれという、小動物に対する警告だったように、「竹槍」も同じ役割だと保田はいう。攻撃、侵略の意図はそこにはない。保田の「竹槍」精神はこうである。

「竹槍は農民が、鉄砲をもった侵略者におひつめられた末に、死を既定として立つ平和の意志表示の象徴である。農民は神の道を守ってゐるから、武器をたくはへない。洪水と嵐を守る竹を以て、侵略者といふ動物を防ぐのである。狩猟でなく、防御である。…（略）…戦後、進駐兵力に追従する者らが、大東亜戦争の竹槍戦術を嗤ったことは、私の驚きであった。戦争が侵略でないのは、竹槍の精神である場合だけである[32]。」

近代の一つの象徴である近代兵器を拒否し、近代生活そのものを、放擲するところに、絶対平和があるのであって、これは、「米つくり」を中心とした日本、アジアの本来的というか、根源的な道義なのである。竹槍とB29の闘いの優劣を保田はいっているのではない。

この保田の絶対平和主義に関して、桶谷秀昭は見事な発言をしている。それはこうだ。

「戦争よりはどんな平和でも平和がましだといふ相対論では、卑怯な平和よりは王者の戦争を、といふ情念の昂揚した、美意識に強く訴へる主張に対し、人の生き方を根底とする論理において対抗できまい[33]。」

保田は、侵略も攻撃も、支配も搾取も存在しない平和は、近代ヨーロッパ文明から生れることはない、としたが、彼は同時に、儒教的政治からも、この絶対平和は生れないとの認識を持っていたのである。

儒教的政治というものは、血と汗の結晶である農民の生産物を掠奪して生きることを正当化するもの、つまり、盗賊行為の理屈だというのである。「孔子の教へは、支配の哲学であった。官吏服務令の原理づけであった。支配のために天を設定し、神を設置して、天子を立てたのである。[34]」と保田はいう。これは安藤昌益の武士、聖人批判の農本思想と同種である。昌益のいう「自然世」とは、いかなる階級も差別もなく、人工を極力嫌う自然の規矩に従って生きる絶対的平和の世界であった。この平和な世界を破壊せしめたのが、武士であり、聖人、君主であった。彼らは、耕さずして、食を貪るための理屈として、儒教を用意したと昌益はいう。保田も同時に、儒教は人倫などではない。それは支配の哲学であり、悪道を正当化する根拠を与えるものだという。保田は儒教の本質を次のように説明する。

「神の道に平和に生きる者、すべての人間の生命の根源を供与するものを、何かの力によって、自ら働き生み出すことなく支配しようとする考へ方、その考へ方が儒教によって政治学に組織されたのである。…（略）…儒教の教へはさういう力の支配のために人工の神を与へ、それによって政治を極力道義的ならしめ、その支配の持続に必要な平和を行はんとしたしくみである。[35]」

神にことよされた生産の道、つまり「米つくり」をすべての根拠たらしめ、保田は農耕民の究極的世界に下り立った。

農本主義者の多くが、貧困からの脱却に強く拘泥し、執着し、そのために政治に接近し、憤怒の炎を燃やす。国家革新の火蓋を切ろうとした者もいた。

保田の農本思想は、極力政治を排除する。「農」による古の道は、支配—服従、利潤—損失といったものを受け付けない。保田の心中には、永久不変の日本人の「米つくり」の精神を、他のいかなるものよりも価値あらしめ、それを保守、継承してゆこうとする農民の姿勢が、あるばかりであった。鍬で耕し、「竹槍」で防御すればいい。

この保田の「米つくり」に基づく絶対平和論など、ヨーロッパ近代を崇拝し、その影響下にある現実世界にあっては、容易に破壊され、無意味なアナクロニズムとして唾棄されてゆく。敗北以外の何物でもない。したがって、こうもいえるかもしれない。現実世界に破れてこそ、保田の絶対平和は意味を持つと。

彼は「偉大なる敗北」について、こういう。

「偉大な敗北とは、理想が俗世間に破れることとである。わが朝の隠遁詩人たちの文学の本質は、勝利者のためにその功績をたたへる御用の文学でなく、偉大な敗北を叙して、永却を展望する詩文学だった。これは別の表現をすれば後鳥羽院のおどろの下もふみわけての御製の精神を、心のなかでかたく守り、あくまで伝へることであった。(36)」

俗世間での勝利者が、健全で美しい精神の持主であることは珍しいことである。自己顕示、私利追求に基づく平和運動が、にぎやかに展開されるなかで養われた「健康状態」とは、まさしく環境汚染の元凶となるものであった。そのなかで偉大なる敗北をうたい続ける保田は、ファシズムの支援者、「赤狩り」の名人という烙印を押され、罵倒され、糾弾され、追放されていった。時流に乗って、豹変の繰り返しを主義として生きる「文人」たちに、保田の心は読めない。無在の美をうたい、偉大なる敗北の唄をうたうこの保田の行為に、よく桔抗し、それを凌駕しうるものが、いま、あるか。いるか。

注

（1）橋川文三『増補・日本浪曼派批判序説』未来社、昭和四十年、七二〜七三頁。
（2）同上書、八二頁。
（3）保田與重郎「にひなめ　と　としごひ」昭和二十四年、『保田與重郎全集』第二十四巻、講談社、昭和六十二年、八八頁。
（4）保田たちの部隊が中国大陸へ出征した最後の部隊であったようである。自分より高年令の者もいたと保田は次のようにいう。「この軍隊は一包の実弾ももたず、五十人に五梃位の割合の使用にたへない銃をもってゐた。その部隊の最年長者は四十一歳初老の人だったが、」（「石門の軍病院」昭和二十九年、『保田與重郎全集』第三十巻、講談社、昭和六十三年、三三九頁。）
（5）保田「みやらびあはれ」昭和二十二年、『保田與重郎全集』第二十四巻、一七〜一八頁。
（6）この地で保田家は相当の素封家だったようである。大久保典夫が保田の葬儀に参列した時のことであるが、彼はその地で次のような話を聞いたという。「これは実証的な裏付けなどなく、世間話程度の話なのだが、おかみによると、…（略）…保田家の当主は與重郎氏の実弟とかで、駅周辺の土地のおおくは保田家の所有だという。保田氏が山持ちだということは以前から聞いていたが、おかみの話では、保田家は何でも近畿で指折りの資産家だそうで、保田家の男子は今でも羽織袴に白足袋で街を歩いているらしい。」(『近代風土』第十四号、近畿大学、昭和五十七年三月、一四頁。)

また旧制中学時代、保田の先輩であった樋口清元は「保田さんを育てた環境」のなかでこうのべている。「元来桜井市と言う街の中心は、その南にある多武峯談山神社(妙楽寺と言った)の門前街として発達した。この神社は神仏一体時代に妙楽寺船と言う対明船を出して利益をあげたので知られるが、明治維新で神仏分離に遭い妙楽寺は廃寺になった。『金の宝は多武峯』と謂われた資金や財宝が門前街桜井に流れ出し、何軒もの豪商、財閥ができたと謂う。保田家もあるいはその一軒かと思われるし、特に保田家は大和川の簗船と言う船便と関係があったと尊父から聞いたのでそれらが豪家の基を築いたものと考えられる。」(『保田與重郎全集』第一巻〈月報〉、講談社、昭和六十年、七頁。)

(7) 桶谷秀昭『保田與重郎』新潮社、昭和五十八年、一一六～一一七頁。
(8) 保田「農村記」昭和二十四年、『保田與重郎全集』第二十四巻、一〇二頁。
(9) 松永伍一『土着の仮面劇』田畑書店、昭和四十五年、二六二頁。
(10) 松永が保田の「農村記」より引用、松永、同上書、二六六頁。
(11) 同上書、二六六～二六七頁。
(12) 同上書、二六八～二六九頁。
(13) 私もかつて、保田の「農」に関して、次のような発言をしたことがある。「飢えのために死人の肉を食う、というところまでいかなくとも、首が回らぬほどの借金と多くの子どもを抱え、肥桶をかつぎ、猫の額ほどの借地に人糞をまき散らし、夜なべに縄をなうことを日常にしてきた者にとって、日本浪曼派とか、保田與重郎とは、いったいいかなるものであったか。戦後民主主義のなかで、この日常性を代弁する人たち、あるいは、それを利用する人たちにとって、保田の農にかかわる思想は、こっぴどく批判され、糾弾され、放擲されてきたといってよかろう。」（「保田与重郎と『農』」、『保田與重郎全集』第三十一巻の「月報」、講談社、昭和六十三年、四〜五頁。）

(14) 杉浦明平『暗い夜の記念に』昭和二十五年に自費出版、平成九年に風媒社にて刊行、一〇五頁。

(15) 同上。

(16) 同上。

(17) 田中克己「保田與重郎と故郷」『近代風土』第十四号、参照。

(18) 竹内好『新編・日本イデオロギー』〈竹内好評論集〉第二巻、筑摩書房、昭和四十一年、二七六頁。

(19) 保田「農村記」、前掲書、一〇三〜一〇四頁。

(20) 横井時敬『横井博士全集』第六巻、横井全集刊行会、昭和二年、一一一頁。

(21) 保田「農村記」前掲書、一〇四頁。

(22) 「ことよさし」について、保田はこう説明している。「ことよさしといふ形は、悉く委嘱するといふ形で、今の世の中であたることばも事実もない。何となればそこには契約といふ条件のきめがない、成果に対する責任も今に比して大らかである。これは神がことよされるのだから、如何やうになっても成果（生産）はつねに神の大きいお働きの領界内のものだからである。

主権とか所有権といふ考へのない世界での委任である。だから米を作ることをことよされたことが、わが国の成り立ちの大本であるが、この生産された米は誰のものといふと、決して即座に神のものでない（同じ意味で天皇のものでない）民草がこれをことよされた神にさゝげる時は、むしろ民の所有と考へられるやうな形をとってゐる。」（「皇大神宮の祭祀」、昭和三十二年、『保田與重郎全集』第三十巻、講談社、昭和六十三年、三七六頁。

(23) 保田「農村記」前掲書、一一四〜一一五頁。

(24) 保田「天道好還の理」『現代畸人伝』昭和三十九年、『保田與重郎全集』第三十巻、講談社、昭和六十三年、三二〇頁。

(25) 島木健作「満州紀行」、昭和十五年、『島木健作全集』第十二巻、国書刊行会、昭和五十四年、八〜九頁。尚、保田と島木の類似性を指摘したものに、大久保典夫の「保田與重郎の美学」『転向と浪曼主義』審美社、昭和四十二年、がある。

(26) 桶谷、前掲書、一一九頁。

(27) 岡倉天心の言を引いておこう。「ヨーロッパの栄光は、アジアの屈辱である！　歴史の過程は、西洋とわれわれのさけがたい敵対関係をもたらした歩みの記録である。…（略）…自由という、全人類にとって神聖なその言葉は、彼らにとっては個人的享楽の投影であって、たがいに関連しあった生活の調和ではなかった。彼らの社会の力は、つねに、共通の餌食を撃つためにむすびつく力にあった。彼らの偉大さとは、弱者を彼らの快楽に奉仕させることであった。」（「東洋の目覚め」〈英文〉、明治三十六年、『日本の名著・岡倉天心』中央公論社、昭和四十五年、七〇頁。）

(28) 保田「農村記」、前掲書、一一〇頁。保田は、また、別の論文でもこうのべている。「第一のアジアの発見は、実に近代史の端初でした。近代の支配の歴史は、アジアの発見から始ったのです。」（「絶対平和論」、昭和二十五年、『保田與重郎全集』第二十五巻、講談社、昭和六十二年、三六頁。

(29) 保田「農村記」、前掲書、一二九頁。
(30) 保田「祖国正論」、昭和二十五年、『保田與重郎全集』第二十七巻、講談社、昭和六十三年、一二頁。
(31) 保田「われらが平和運動」『現代畸人伝』、前掲書、二六九頁。
(32) 保田「われらが愛国運動」、同上書、二五四〜二五五頁。
(33) 桶谷、前掲書、一二四頁。
(34) 保田「農村記」、前掲書、一七九頁。
(35) 保田「にひなめ　と　としごひ」、前掲書、八三〜八四頁。
(36) 保田「天道好還の理」『現代畸人伝』、前掲書、一九四頁。

主要参考・引用文献（保田與重郎の著作は省略）

『横井博士全集』第六巻、横井全集刊行会、昭和二年
橋川文三『増補・日本浪曼派批判序説』未来社、昭和四十年
藤田省三『天皇制国家の支配原理』未来社、昭和四十一年
大久保典夫『転向と浪曼主義』審美社、昭和四十二年
桶谷秀昭『近代の奈落』国文社、昭和四十三年
和泉あき『日本浪曼派批判』〈近代文学双書〉新生社、昭和四十三年

磯田光一『比較転向論序説——ロマン主義の精神形態』勁草書房、昭和四十三年
色川大吉編集・解説『日本の名著・岡倉天心』中央公論社、昭和四十五年
松永伍一『土着の仮面劇』田畑書店、昭和四十五年
『ピエロタ——特集・日本浪曼派とイロニイの論理』母岩社、昭和四十八年四月
饗庭孝男『近代の解体——知識人の文学』河出書房新社、昭和五十一年
日本文学研究資料刊行会『日本浪曼派』〈日本文学研究資料叢書〉有精堂、昭和五十二年
『国文学・解釈と鑑賞——日本浪曼派とは何か』第四十四巻、一号、至文堂、昭和五十四年
『近代風土——特集・保田與重郎』第十四号、近畿大学、昭和五十七年三月
桶谷秀昭『保田與重郎』新潮社、昭和五十八年
松本健一『戦後の精神——その生と死』作品社、昭和六十年
杉浦明平『暗い夜の記念に』風媒社、平成九年

第六章　河上肇と「無我苑」

いろいろな意味で、いまさら河上肇でもあるまいとの声も多くあると思うが、私は、なぜか、いま河上に強い関心を抱いている。それは彼が科学的社会主義者として、また、マルクス主義経済学の先駆者であったというような点に関してではない。

たしかに、河上の学問的業績は、当時にあって群を抜いていたし、『資本論入門』などが多くの若者に、経済学の関心を抱かせたことは間違いない。大内兵衛は、河上の『貧乏物語』について、次のような言辞を残している。

「今日、五十代で、経済学をもって身を立てているような、もしくはそうでなくても多少とも経済学に興味をもった経験のあるような日本のインテリに聞いてみよ。そのほとんど全部は、博士のこの書（＝貧乏物語）によって経済学の意義を知ったというであろう。そしてその多くは自分もこの書にみちびかれてその道に志したというであろう。(1)」

今日、河上が経済学という学問世界で果した役割とその限界を指摘することは、そう困難なことではない。しかし、彼の生涯を貫いている道を求めての真摯な姿、つまり求道家としての精神的雰囲気に対しての評価になると、やゝ複雑である。

明治十二年十月二十日、山口県の錦見村に生を受けて以来、六十八年の間、並の研究者や教師では通りえない波乱万丈の人生を彼は送っている。

幼年時代は、両親の離婚ということもあって、祖母に育てられ、彼自身が語っていることであるが、極端な我儘で家人を困らせたという。ひどい癇癪もおこした。

「私は幼けない頃から、ひどい癇癪持ちであった。何か腹を立てて泣き出したら、まるで手はつけられなかった。…（略）…駄々をこねると、懲しめのため押入などへ監禁されるのが普通だのに、私の場合は、大人の方が物置などに逃げ込んで難を避けた。(2)」

通学についてもこう言っている。

「私は満四年五ヶ月になった時から小学校へ通うようになったが、その実、学校へ通うといっても、私は毎日おんぶされて往復したのである。…（略）…弟も一緒に通学するようになってからでも、二つ年上である兄の方の私がおんぶされ、弟の方は歩いた。書いておくのも恥しいが、私はそんな我儘をして育ったのである。(3)」

この偏愛的環境のなかで、やりたいほうだいの我儘を許してもらった己を恥じると同時に、他に対して彼は強烈な懺悔の気持を抱き、他のために自己犠牲を己に強要徹底化して贖罪とするといった精神が形成されたと思われる。絶対的非利己主義、利他主義への執着は、ここにその淵源の一つがありはしないか。その上に次々と非利己主義的精神で、この世を貫いて生きようとした人たちへの共感、共鳴があったと考えられる。

吉田松陰への憧憬もその一つである。河上は、たびたび松陰の名を使用し、尊敬の念を表すると共に己自身の士気を鼓弄している。

「『梅陰生』という判を作っていたことは先きに述べたが、私はこの号を吉田松陰先生に私淑して付けた。(4)」

「徳富蘇峰の『吉田松陰』は、私が高等中学校の予科に入った年に刊行された。私はそれをば非常な感激を以て読んだことを記憶している。(5)」

「私の胸の底に沈潜していた経世家的とでもいったような欲望は、松陰先生によって絶えず刺激されていたことと思うが、(6)……」

この松陰の志士的心情の影響は、のちに河上がコミュニストになってからも消えることはなかった。

学生時代（東京帝国大学）の木下尚江、内村鑑三たちの影響も大きい。彼らの関係でキリスト教にも強く魅せられ、絶対的非利己主義を、「マタイ伝」より受容している。

己の精神史はこのバイブルとの接触をその原点とする、と河上はいう。とくに彼が注目し、精神の拠所としたのは、次の個所であったとしてそれを引用して次のようにのべている。

「『人もし汝の右の頬をうたば、左をも向けよ。なんじを訟への下衣を取らんとする者には、上衣をも取らせよ。人もし汝に一里ゆくことを強いなば、共に二里ゆけ。なんじに請ふ者にあたえ、借らんとする者を拒むな。』私には、こうした至上命令が、経済学の研究に突き進まんとしている途上に立ち塞がって、私を遮っているもののように感ぜられて来た。[7]」

田中正造の足尾鉱毒事件には、ことのほか強い関心を持った。明治三十四年十二月二十日の本郷中央会堂での鉱毒地救済婦人会主催の演説会に参加した河上は、演説会終了後、異常ともとれる行動に出たのである。この行動は、「特志の大学生」として、「毎日新聞」に掲載された。それはこういうことであった。

河上がいうには「私は躊躇するところなく、差し当り必要なもの以外は一切残らず寄付しようと決心した。私は会場を出る時、着ていた二重外套と羽織と襟巻を脱いで係りの婦人に渡し[8]」、さらに家にあったあらゆる衣類を、翌日、救済会に届けるという「善行」(奇行)を行ったのである。

明治三十八年十月より、千山万水楼主人という筆名で「社会主義評論」なるものを、「読売新聞」に掲載することになった。この時期、社会主義に関する代表作としては、明治三十六年の片山潜の『わが社会主義』と、幸徳秋水の『社会主義神髄』とがある。両書は、日本の社会主義に関する一対の玉と呼ばれるものであった。

河上の「社会主義評論」は、真の社会主義からは遠いが、東西の帝国大学の大物経済学者の研

究を痛罵し、また安部磯雄、堺利彦らの思想をも批判し、彼なりの理想としての社会主義について言及したものである。(9)

時代的背景もさることながら、河上のすぐれた文章は多くの読者を魅了し、大いなる旋風を巻き起こし、「読売新聞」の発行部数は、急増した。しかし、これが「第三十五信」まで続いたところで、突然打ち切りとなったのである。つまり、「第三十六信」は、「擱筆の辞」となってしまった。これまで不眠不休の努力で、熱情をもって執筆し、読者をうならせてきたものを、河上は自ら、それを戯言だったというのである。彼の言は次のようである。

「『社会主義評論』一篇信を重ぬること茲に三十六、幸にして多数読者の歓迎する所となり、千山万水楼主人の虚名広く江湖に喧伝せらるゝに至りしは、実に余が予想の外に出でたり。然れども今日に至っては之を見る、真に一場の囈語に過ぎず、寧ろ笑ふべきの至りなり。乃ち正に本日を以って筆を擱かんとす。(10)」

まさしく青天の霹靂であった。この極端な河上の豹変ぶりに、驚愕の声が巻き起った。昨日までの己と本日の己とは、根本的に違う人間だというのだから大変である。これを珍事、奇怪と呼ばずして、何といえばよかろうか。疑念、嘲笑、怒りが河上の周囲を襲った。

大熊信行は、河上の生涯には、三つの「奇行」があったという。一つは、先にあげた足尾鉱毒事件の際に見せた、身ぐるみはがすばかりの寄付の件であり、二つ目は、この「社会主義評論」を擱筆にし、伊藤証信の無我苑に身を投じたこと、そして、いま一つは、マルクス主義者として政治的実践運動に走ったことであると。河上の無我苑への突入について大熊はこうのべている。

「当時、おなじくトルストイの影響をうけたものに、真宗大学研究科在籍の学生伊藤証信があり、『無我の愛』を唱えて、『無我苑』という教団を組織した。河上はその教義に同感し、一切を放棄してこれに飛び込んだ。かれの魂をつらぬいたのは『絶対的非利己主義』の霊感であった。…（略）…もしそのような宗教家としての実践が長く継続し発展するとすれば、河上の伝記は別なものになったろうが、無我苑行者の生活は六十日かぎりで打切られた。したがって無我苑入りは、河上の第二の奇行として記録されるにとどまっている。[11]」

この河上と伊藤との接触は、河上の人生にとって、重要な意味を持つことはいうまでもないが、近代日本における宗教と科学、また「信」・「情」と「知」といった問題を考えるうえで、極めて大きな示唆を私たちに与えてくれる問題でもある。

河上の生き方には、大きな癖があった。一度あることに関して確信を持てば、それ以外のものは放擲し、徹頭徹尾それに没頭し、熱中する。思索するのみならず、それを実践に移す。しかし、それほどまでにして獲得したものであっても、それを誤りだと自ら判断すれば、瞬時にして、それをまた放棄する。これが河上の人生であり、思想的営為でもあった。ゆきつくところは、捨身の行である。河上はこういう。

「いやしくも自分の眼前に真理だとして現われ来ったものは、それが如何ようのものであろうとも更に躊躇することなく、いつでも直ちにこれを受け入れ、そして既にこれを受け入れた以上、飽くまでこれに喰い下がり、…（略）…しかし、こうした心持で夢中になって進んでゆくうちに、最初真理であると思って取組んだ相手がそうでなかったことを見極めるに至るや否や、その瞬間、一切の行掛りに拘泥することなく、断乎として直ちにこれを振り棄てる。[12]」

節操という点からすれば、河上のこのような変転ぶり、豹変ぶりは、決してほめられたものではなかろう。しかし、一度受容したものを終生維持し、固執するだけが、唯一絶対の思想家の条件でもあるまい。断絶も修正も飛躍も、真理追求の過程では、あるのがむしろ当然ではないか。真の思想の蓄積にはそういうこともまた必要なことである。

いかなる信念もなく、浮遊している人間で、時代を見る眼もなく、においをかぐ力もなく、ただ何ものかによってふりまわされているだけだと河上を罵倒する人物もいる。昭和八年三月の段階で、杉山平助は次のように酷評している。

「考へてもわかることだが、あの人（河上肇）には、何ら自主的な強い性格も透徹した洞察力も持ちあわせない人間としてはきはめて鈍くて平凡な、理想家肌の一学徒に過ぎないことを誰が否定し得よう。これは彼の過去を通覧すれば明らかなことで、彼は何らのオリヂナリティも持ちあわせない、いつも何かに影響され、支配され迷ひに迷ってあの歳に到達した人である。…（略）…いかなる点から見ても、決して彼はトップに立って時代を支配する能力のある人ではないのである。[13]」

前述した通り、この「社会主義評論」から伊藤の無我苑への突入事件は、大きな社会的反響を呼んだ。この評論が、美しい文章で、説得力のあったことはいうまでもないが、当時の高名なる東西帝国大学の教授たちを、こきおろし、風雲児さながらの活躍をしていた彼が、その連載をストップし、家族をかえりみることもなく、すべての大学の職を捨てて無我苑に入るのであるから、世間は驚くほかない。

「社会主義評論」の「第一信」には、彼はこう書いていたのである。

「夫れ社会主義の本質たる、固と経済上の一主義たり、然も其関連する所、政治、宗教、倫理、道徳、其他社会各般の事項に及ぶ、随って之れが完全なる批評は、是等社会各般の諸学に精通するの士を待って始めて聞くを得べし、…（略）…足下乞ふ余をして、姑く虚心淡懐、斯の主義の根本をありの儘に記述せしめ且つ評論せしめよ、而して若し余力あらば、二三知名の社会主義者に就き、其言論行動の是非を批判し、更に騎虎の勢を得ば、之れに対する官府の政策態度に就きて其の得失を論議するあらしめよ[14]」

己の主張を平易にして暢達、意気軒昂として吐露していたこの論調も次第に変化し、前述した通り「第三十五信」で止め、突然「第三十六信」を「擱筆の辞」としたのである。

河上は、昨日の己と今日の己とは、極端に異った人間である、と平然といってのける。今日の己は、絶対的真理を獲得した最高に高潔な人間である、と恥しげもなくいうのである。この昂揚した彼の声を聞いてみよう。

「既に余は絶対最高の真理を捉得せり、其の真理の偉大なる人界の言を以て之を形容するに由なく、固より尋常人の思議す可き処に非らず、故に此の新たに得たる智識を以て、昨の余が有せし智識に比せんか、其差恰も絶対無辺の宇宙と一個有限の余が肉体との差に似たり、嗚呼余の新たに得たる真理の何ぞ夫れ広大なるや、既に斯の如きの最高真理を研鑽し了へたり、しからば昨の余と今の余と全く其の人格を一変するに至りたるもの何ぞ怪むに足らんや、これ今日の余にとりて『社会主義評論』が実に一場の囈語にだも及ばざるが如く見ゆる所以なり[15]。」

並の人間のとうていおよばぬところの絶対的真理を獲得してしまった河上は、己の人生の最高の地点に到達したのであり、いまや、己を囲繞する万事が、彼をして、最高の幸福、安定をもたらすものとなったのである。

かかる発言をし、行動をとった河上を、世間の人は奇人、変人と呼ぶ。そう呼ぶなら呼べ、世間評などどうでもいいと河上は冷静である。昨日までの己と全く違う河上がここに存在するというのである。絶対的最高の価値を獲得した河上に恐いものはない。もはや、死の恐怖さえなかった。

「嗚呼、余浅学下根、しかも今幸にして此の最高真理を得て、夕に死すとも可なりの境に入る、是に於てか絶対の平安あり、絶対の自由あり、絶対の幸福あり[16]、」

これは、確かに河上の人生のある段階における異変である。何が彼をして、この心境に到達せしめたのか。吉田松陰の志士的意識か、木下尚江、内村鑑三らを通してのキリスト教か、田中正造の自己犠牲的精神か、はたまたトルストイか。どれもこれもそのことにかかわってはいよう。

しかし、そういうものを受容する器というものが、河上には幼少期の贖罪意識としてあるように私には思える。

この大いなる変身、豹変の直接的契機が伊藤証信の無我の愛にあったことは、多くの人の認めるところではある。ところで、無我の愛を唱え、実践、伝道した伊藤とは、いったいいかなる人物か、そして無我の愛とは。

伊藤は、真宗大学在学中に、仲間と共に、「無我の愛」なる雑誌を発行し、無我の愛の実践、伝道に、八十八年の生涯を捧げた人物である(17)。明治三十七年八月二十七日の夜、伊藤は、心的革命を体感したという。その翌年、明治三十八年の六月十日に、「無我の愛」を創刊したのであるが、そこで彼はこうのべている。

「吾人の期する所は、我の世界を亡ぼして無我の愛の世界を建設せんとするにあるなり、吾人は自力主義我利主義の基礎に立てる現代の思想界を根底より破壊して、個人の心霊の上に、他力主義利他主義の大理想を現実せしめんとするものなり(18)。」

伊藤が発行したこの「無我の愛」は好評を博し、広い読者層を持った。この小さな印刷物が、大きな反響を呼び、人を引きつけた背景には、近代日本における、この時期の特殊な状況が存在していたのである。

日清戦争以後、ふくれあがってゆく日本という外形の裏に、しのびよる個人の内面的苦悩、煩悶、怨念の拡大、深化があった。国家と個人の健全な緊張感は次第に希薄となり、内部全命に沈潜してゆく若者が増大していた。明治三十六年五月二十一日の藤村操の華厳の滝での投身自殺は、その象徴的事件の一つであった[19]。国家のためにという世俗的出世欲などが、陳腐なもの、恥になるものとして放擲される風景がそこにはあった。このような時代のなかで伊藤の「無我」という言葉は、なんとすがすがしく、魅力あるものであったことか。「無我の愛」の発刊当初の状況は次のように語られている。

「始めの間は毎号千部づゝ刷って居たが、やがて二千部となり三千部となり、九ヶ月の後には四千五百部を刷るやうになった。執筆者も始めは私と安藤、和田の二君であったが、後には数十人同人を得、全国新進の思想家から多大の同情と同感とを得、名実共に心霊界に於ける公の機関たらしむるに至った[20]。」

この「無我の愛」を誌上で強説する伊藤の主義、主張は、大学当局を大きく、強く刺激し、激しい攻撃にさらされることとなる。伊藤の無我宛には近づくな、「無我の愛」は読むな、と学長みずからが学生に通告した。当然のことながら、真宗大学派からも批判、攻撃され、ついに、彼は大学を退学し、僧籍は返上するというとんだ羽目に陥った。

明治三十八年六月に発刊したばかりの「無我の愛」は、その年の十月には、もはや「脱宗号」とならざるをえなかった。血で染められたように真赤なこの印刷物で、伊藤は、私利私欲、虚偽虚栄に走る真宗世界の現実に痛棒を下すべく、彼の心情を吐露したのであった。伊藤は「脱宗号」に関してこうのべている。

「『無我の愛』第十号を特に脱宗号と名けて、全部赤刷りとなし、其中に退校と脱宗との止むを得ざるに至った理由を詳述して、之を天下に発表し、一方僧籍返上届と度牒（僧侶の鑑札の如きもの）と該雑誌とを同封して本山へ郵送し、同時に郷里伊勢の父母にも此事を通知し、茲に私は全く脱宗の本懐を遂げ終ったのである。時に明治三十八年十月十日で、私は年令正に三十歳であった。[21]」

この「脱宗号」は、広く世間に知られ、伊藤に対する支援、激励の声が寄せられた。幸徳秋水、堺利彦、綱島簗川、内山愚童らの熱い支援の声が伊藤のもとに届いた。「見神の実験」を世に問うことで、世間を騒然とさせた綱島簗川は、次のような同情を寄せてくれたと伊藤はいう。

「『無我の愛』脱宗号少からず同感と歎美とを以て拝読仕候…『神の子てふ自覚に立ちて神と共に楽み、神と共に働く』これ小生が達し得たる最高の悟境に候。これ『自己の運命を全く他の愛に任せ、同時に全力を献げて他を愛する』無我愛の主義と究竟の内味を同じうするものかと存候、今朝此事に想到して大歓喜を得申候。[22]」

河上がこの伊藤の「無我の愛」に関心を寄せる直接的契機となったのは、彼の「社会主義評論」が、この「無我の愛」で、取り上げられるという情報をキャッチした時である。河上は「無我の愛」第九号を買い、さらに「脱宗号」となった第十号を手にして驚愕した。トルストイの「わが宗教」とも重なり、河上は戦慄を覚えた。当時、河上の内面では、相反するものが闘っていた。つまり、無我の精神への憧憬、帰着と、世俗的生活への未練とがそれであった。

立身出世の足がかりとなる東京帝国大学を卒業し、結婚もし、子供も生れ、農科大学、学習院、専修学校などの講師の職にもつき、いわゆる生活の基盤は整いつつあった。これらをすべて放擲し、絶対的非利己主義への道を歩むべきかどうか。人生の岐路に立った河上は、この悩みを卒直に伊藤にぶっつけたのである。明治三十八年十二月一日のことであった。

「年末の希望としておったのは、何か人世の進歩に貢献をしたいというので、自分の学問の方面からして、『善を為し易く悪は為し難し』という様な社会組織を工夫して見たいと思うておりました。しかし、御教によると、(あるいは誤解をしているかも知れませぬが、)社会組織の工夫などということは極々つまらぬ事で、人世の平和幸福というものはそんな廻り遠い事をせんでも、ただ『無我愛』これ一つの実行で即時に成就できるもののように思われます。…(略)…そこで自分のやっている職業がつまらなくなり、博士号でも得たいというような自惚が極々馬鹿らしき事となり、何となく不安でたまりませぬ、如何したらよいでしょうか。[23]」

伊藤に差し出した封書の裏面を見て、差出人が河上だと知った石野準(彼も河上と同じ山口県民で、伊藤に心酔し、すでに無我苑に入苑していた。)は、即刻、河上をたずね、無我苑訪問を強くすすめ、伊藤との会見を要請した。

河上の書簡を受けた伊藤は、傲慢ともとれるような返事を書いている。

「あなたへの御答は、あなたのお手紙の文字で充分です。『社会組織の工夫などといふことは極々つまらぬ事で、人生の平和幸福といふものは、そんな廻り遠い事をせんでも、たゞ〈無我の愛〉これ一つの実行で即時に成就でき』ます。『さすれば、経済学の研究など、実はつまらぬ事で、寧ろ全力を挙げて無我愛の実行と伝道に尽』すべきです。これが為に妨となることは、万事放擲すればよいのです[24]。」

明治三十八年十二月四日、河上は石野の説得に忠実に応え、大日堂の無我宛を訪れ、急転直下、伊藤の指示通り、生活基盤となっていた各大学の講師の職は、すべて投げ捨て、無我の愛の実践と伝道に一生を捧げる決意をしたのである。河上が伊藤に関心を示し、共鳴していったのは、伊藤の鋭く無我の愛の哲学的思想的内容もさることながら、彼の生きる姿であったという人もいる。つまり、伊藤の僧籍返上、大学退学を通しての非利己主義実践者という型への憧憬だと。

河上の無我宛突入を酷評する人もいた。「社会主義評論」執筆途中で、もはや千山万水楼主人が河上だということがばれて、権力に対する恐怖を抱いていたと同時に、厳しく批判した大先輩たちへの贖罪の意識が強くはたらいたからだと。白柳秀湖は次のようにいう。

「若し初めの計画通り彼の本名が絶対に世間に洩れず、政府の注意も彼が如く厳峻でなかったこと〻したならば、彼は恐らく無我愛の道場には走らなかったであらう。然るに、千山万水楼主人が法学士河上肇であることは評論の事に至って既に世間に洩れ、その末期に及んでは隠れもない事実となった。彼は官憲からも睨まれたが、その峻烈に罵倒した先輩教授に対して全く立場を失ってしまった。さうして最後に伊藤証信の『無我の愛』を見て心機一転したりとし、筆を擱き稿を止めて巣鴨の大日堂に趨った[25]。」

この白柳の酷評に対して、河上は、これはまったくの嘘で、迷惑千万だとしている。[26] 真偽のほどは、ともかく、こういった見方が登場するほど、この河上の変身ぶりは、青天の霹靂だったのである。

身震いするほど感動し、心酔したこの伊藤の無我の愛であったが、無我苑への二回目の訪問で、河上は、はやくも伊藤に強烈なパンチを放っているのだ。ついには何のつながりもない邪説とまで罵ることになる。なぜか。それはこういうことであった。絶対的非利己主義を強説しながら、無我苑の人たちは、ぬくぬくと惰眠を貪っているではないか。このような姿に河上は激怒したのである。知行合一に理想を置く河上の姿勢は、とうていこのような状況を是認するわけにはいかなかった。河上はこう主張していたのである。

「私の方は、いやしくも全力を献げて他を愛するを主義とする以上、夜分も寝ずに他人のために働くというところまで努めねばならぬ、と考えていたので、そこに甚しき立場の相違がある。…（略）…無我苑を訪問して見て、何となく意気の相投合せざるものあるを感じたものと見える。かくて私は、無我苑から独立して、伝道事業を起し、自分の方は寝ねず休まずして事に従わむと決意したのである。[27]」

河上はここで何故、睡眠にこだわるのであろうか。「たとえば睡眠」というのであればわかりやすいが、いきなり、直接的に睡眠に執着するのである。決死の覚悟が出来れば、この際なんでもよかったのであるが、たまたま河上の眼前にこの事実が現われたのであろう。不眠不休という自虐によってのみ、この堕落してしまった己の精神を破壊出来るという強烈な河上の意志決定が、ここにはのぞいていると見てよかろう。自己滅却、自己否定の実験ともいえよう。

これは清沢満之が、「ミニマム、ポシブル」(28)を実験したのと類似している。人間はどこまで生活を簡素化出来、どこまで己を放擲可能か。清沢もまた、絶対的非利己主義のための厳しい禁欲を決意し、それを実践した。東京帝国大学卒業後、明治二十一年に京都府立尋常中学校長に就任した清沢であったが、翌々年の二十三年には、はやくもその校長職を辞退し、禁欲的精神主義的生活に身を投ずるものである。校長時代の山高帽、人力車といったものはその姿を消し、行者的修業がはじまるのである。宗教界の堕落、腐敗に抗して僧の原点に回帰しようとしたのである。

河上も次のような決意表明をした。

「実際いのちを放り出す決意をしたのである。私は元来蒲柳の質で、当時は生命保険の加入をすら断わられていたようなからだだから、『寝ねず休まず』などという生活を続けようものなら、間もなく殪れるに決まっていた。しかも私は断乎としてそうした生活に突き入ろうと決意した。私は死を考えたのではない、死を決意したのだ、死に直面したのだ。…（略）…それは禅家にいう所の大死一番なるものに相当する。(29)」

原稿執筆中のことであるが、明治三十八年十二月九日の夜中に、河上はこの世にあらざるような異常な世界にはまったという。「余が頭脳は実に形容すべからざる明快を覚え、透明なること玻璃の如くなるを感じたり(30)」とか、「余は俄に身体の軽く空に浮び上る如く覚えたり、何物かありて余が身体を軽く和かく抱き上ぐるが如くおぼえたり」[31]といったような具合である。

無我苑在苑の人々に対し、その姿勢に疑いを抱いていた河上は、ともかく、この苑を去り、本郷湯島に住み、その地で真の無我愛の実践と伝導の任務を果そうとしたのであるが、どういうわけか、年末には、また大日堂の近くに、仲間と共に住み、そこから「読売新聞」社にも通勤している。この第三分苑と呼ばれた家に同居していた倉内雅一は、当時の状況を次のように説明している。

「大日堂の南二丁目ばかりの処に、河上兄が寓居せらるゝ事となって、之を第三分苑とした。…（略）…今は河上兄と、兄の令弟と、炊事する婆さんと、僕の四人暮らしである。屋賃は四円五拾銭、四畳と六畳と三畳との三間である。四畳の間の窓を開け、冬松の景色を眺めつゝ、火鉢を擁して話しするのは大変面白い。…（略）…河上兄は日々大日堂の座談を写し、それを『人生の帰趨』の原稿にして、読売社へ送る事にせられた[32]。」

一時、伊藤の無我の愛、無我苑に対して、激しく厳しい批判の矢を放った河上であったが、それでも、この大日堂の無我苑、第三分苑において、二ヶ月ばかり、つまり無我苑が閉鎖されるまで、無我の愛の実践活動、伝導活動に懸命なる努力をしたのである。

この無我苑の閉鎖に際し、河上は己の存在の大きさを顕示している。この苑の閉鎖も、また「無我の愛」発刊中止も、その原因は己の辞退にある、と。さらに、そもそもこの無我苑なるものが世間に知られたのは、己が入苑してやったからだというのである。このあたりが、無我、非利己主義を説く河上にしては、いただけない発言なのである。

この河上の自己宣伝的発言に対して、伊藤の反応は冷ややかである。たしかに、河上が入苑したことにより、無我苑の知名度が多少高くなりはしたが、彼の退苑が無我苑の閉鎖理由でもなければ、「無我の愛」の発刊中止の理由でもないと断言し、次のようにいう。

「なるほど河上さんの入苑によって、無我苑が一層有名になり、雑誌も部数を増してゐたことは事実であるが、河上さんが無我苑を出たから無我苑が閉鎖せられ、雑誌も廃刊になったのでは決して無く、その反対に、同朋全体（河上さんも入れて）の合意によって、無我苑が閉鎖されたからこそ、雑誌も廃刊せられ、河上さんも苑を出られた次第である。[33]」

河上の言動は二の次で、無我苑閉鎖の根源的理由を、伊藤は無我苑構成員全体の未熟さに求めている。伝導する資格も獲得出来ていないような未熟メンバーが、極めて傲慢にも、その役割を担おうとしたところに、そもそも間違いがあったという。その点で、河上が無我苑の具体的活動に対して疑義をさしはさんだのは、やむをえないところであるし、その弱点を予見しうる心眼を持っていた河上を、伊藤は高く評価しているのである。河上もまた、「大死一審」で、次のような境地に到達したことを記しているのである。

「元来この体を自分の私有物と思うのが間違いで、これは暫く自分の預っている天下の公器である、ということを悟るならば、このからだを大切に育て上げ、他日必要と認めた場合にこれを天下の為に献げるということこそ、自分の任務でなければならぬ、ということが会得される。かくて私は、絶対的な非利己主義を奉じながら、心中毫末の疚しさを感ずることなしに、このからだに飲食衣服を供し、睡眠休養を許し、なお学問をもさせ智識をも累積させて行くことが出来るようになった。(34)」

若き河上肇が、この時期体験をしたこの伊藤の無我苑への接近、突入の問題は、その後の河上の人生上、いかなる意味を持つものであったのか。前述した通り、経済学、とくにマルクス主義的経済学の先駆者としての河上の評価は、これはこれで重要ではある。しかし、このような枠におさまらぬ河上の不思議な魅力の一つが、この時期に噴出しているように思える。

大熊信行が、この無我苑の入苑を、河上の「奇行」の一つにあげたことは、前述したが、「奇行」でも「珍行」でもいい、私はここに、河上の面目躍如たる「幼児」「童子」「童心」的行為を見る。世の中の一般的常識などというものに囚われず、愚行、愚考、愚直に思われるほど赤裸々な純粋さを貫いてゆく真摯な姿勢は、「大人」には通用しない。河上は、知人が夏目漱石の手紙のなかに、次のような文章を発見したといって知らせてきたことを、『自叙伝』に引用している。

「明治三十九年二月三日付を以て、野間真綱に宛てられたものである。『拝啓。……小生例の如く毎日を消光、人間皆姑息手段で毎日を送っている。これを思うと、河上肇などという人は、感心なものだ。あの位な決心がなくて豪傑とはいわれない。…（略）…人間は他が何といっても、自分だけで安心して、エライという所を把持して行かなければ、安心も宗教も哲学も文学もあったものではない。頓首。』私は冷やかされているのかも知れないが、別に恥しい気もしないから、初めて知ったこの手紙を、序にここに書き入れておくのである。[35]」

普通人というか、常識人というか、いわゆる世間的「大人」は、皆姑息な、つまり一時的間に合わせ人生をやっている。河上はその点、異常ではあるが、その異常なところが素晴らしいではないかと漱石はいうのだ。「大人」として生きるということは、一般的通念のなかで姑息に生きることである。現体制のなかで波風を立てず、清濁を合わせ呑むという理屈をつけながら世間で拾った垢を一つ一つ身につけて生きることである。

河上の無我苑入りによる非利己的愛他精神の徹底化は、この「大人」の常識的世界を打破するに充分な行為であった。彼の求道は、真理を追い求める強烈な心情であって、決して常識と妥協し、それに敗北して「大人」になるプロセスではなかった。客観的真理を追い求めるためには、その前提として熱き主観・心情が要ることを河上は示唆してくれている。情熱なき禁欲とか、客観化というものは、まやかし以外のなにものでもない。

この時、河上の取得した宗教的、非合理的霊的直観は、その後の彼の思想、行動を支えてゆく、一つの大きな弾機となっている。宗教的真理とは、河上にとって絶対的無我につながるものであるが、この絶対的無我の世界の自覚こそ、彼の求道の到達点であった。このことの自覚と、科学的真理との共存こそが河上の真骨頂となる。

マルクス主義と宗教の矛盾を説くのが、世間の常識となっていたが、河上はこの交接・共存について、晩年こうのべている。

「今年六十五、人生を終わらんとするに臨み、絶対的無我という一つの宗教的真理と、マルクス主義という一つの科学的真理とは、私の心の中に牢乎として抜くべからずものとして弁証法的統一を形成しつつ、我をして無上の安心に住して瞑目するを得しむる我が一生の所得であったと、私は確信して動かない。」[36]

マグマのような危険物を内包した河上は、「幼児性」を常に保持しながら「大人」の世界を歩いている。世間的、一般的通念では理解し難い「奇行」を断行し、常識では打破困難なものに断固たる闘いを挑むことがある。志士的、経世家的人物の多くは、この「幼児性」をその属性としている。河上の尊敬してやまなかった吉田松陰も、もちろんそうであった。松陰は晩年、李卓吾[37]の「童心」説に傾倒し、草奔崛起の起爆剤としている。朱子学的形式主義の虚を突いた卓吾は、完全なるアウトサイダーであったが、松陰も河上もそうであった。偽物、偽者を嫌い、純真・純心を我が意とする。仮や偽が横行する時、この純真、純心は、止むに止まれぬ情念として噴出する。

螢雪の功なって、獲得していた大学の職も辞し、世俗的名誉、幸福への道を断念した。非利己主義の徹底化を「奇行」と呼ばずして何と呼ぶか。常軌を逸した行動として、世間を驚愕させずにはおかなかった。しかし、河上は、この「奇行」によって救われたのではないか。

河上は「大人」への道を極力嫌った。そうなることへの己に対し、厳しい禁欲を課した。

近代は、この「幼児性」、「意心性」を宿す「奇行」を排除する規準作成に躍起となるところがある。混沌の世界、未分化、未分離の世界に脅威を感じ、それを取り込むことが近代化の方向となった。西洋的近代はそのチャンピオンであった。しかし、どれほど巧妙にその排除の論理が形成されたとしても、この「幼児性」的「奇行」は、地殻の深層にあるマグマのように、常に出口を探し求めてさまよっている。近代的「知」は、この「奇行」を抑え切ったと思った瞬間に、足元をすくわれる歴史を経過してきた。そしてまた、そうなるのはそれを「知」の力不足だと思い込んできた。近代的「知」の限界を知り、「信」、「情」、「心」という非合理世界を覗こうとした知識人はいる。先に触れた清沢満之などはその一例である。彼の求道のプロセスはそういうものであった。西欧の近代的「知」の洗礼を受けた清沢は、一度は徹底的に理屈の世界に埋没した。その際、論理的整合性の有無が彼の価値規準となった。直観、感性などよりも、知的作業を限界までおしすすめることを当初の仕事とした。近代的「知」という薬物を多量に飲まされた人間の眼には、論理、合理と異なる「信」や「情」というものは、闇の世界に存在する恐怖と映るのである。そして、その近代的「知」には、「信」や「情」を打ち消そうと血眼になるところがある。理不尽な弾圧、殺戮が次々と計画される。清沢は、このことを最終的には理解するが、そこに到達するまでには、文字通り、生命がけの修養を、己に課すことになった。

清沢にはかなわぬところもあるが、「大死一番」にみられるように河上も必死の覚悟、決意をした。しかし、どことなく河上には一種余裕のようなものを私は感じてしまう。河上には、はじめから、あらゆるものを呑咽してしまうほどの巨大な非合理的、心情倫理的なものを、わが心中に備えていたように思える。どのように考えても、河上は、本質的にというか、生来的にと言うか、「知」やそれを磨くことにおいても、並の人間をはるかに超えているが、それ以上に、彼は「信」、「情」の世界に生きる人間であったように思える。そのような場所に彼を置くほうが、座りがいいというものだ。しかし、河上は身に纏絡する粘着物を削ぎ落し、そのような世界から必死に逃げようとした。逃げても逃げても彼の肉体と精神の内奥に、幼年期への贖罪意識、松陰的志し意識、青年期に邂逅した数々の激情的思想家の魂が充満していたのである。

伊藤の無我苑、無我の愛に触れた瞬間、河上のマグマは火を吹いたのである。そして、その噴火は、その後の彼の思想と行動の中核をなすものとなっていった。饗庭孝男の次の言を引いて、ひとまずこの稿を閉じることにする。

「この時に得た法悦の中の非利己主義の霊的直観がおそらくそれ以後の河上のあらゆる思想と実践の中心におかれていたことは推測にかたくない。…（略）…河上は、無我苑の体験から、一生の生活方針を律してゆくにたる一つの宗教的真理を把握することができた、と言い切ることができたのであろう。[38]」

注

（1）大内兵衛「自叙伝の価値」、杉原四郎、一海知義編『河上肇・自叙伝』（四）岩波書店、平成九年、三七四頁。

(2)杉原・一海編『河上肇・自叙伝』(一)、平成八年、四一〜四二頁。
(3)同上書、五一頁。
(4)同上書、八七頁。
(5)同上書、八八頁。
(6)同上。
(7)杉原・一海編『河上肇・自叙伝』(五)、平成九年、八三頁。
(8)同上書、八〇頁。
(9)赤城和彦(住谷悦治)は、「社会主義評論」の反響について、次のようにのべている。「明治三十八年のある日、突如として千山万水楼主人なる匿名のもとに、『社会主義評論』が読売新聞紙上に掲載され、大学教授、とくに社会政策を看板とする桑田熊蔵、亀井延、戸水寛人、田島錦治諸博士の思想と怯儒を反撃し、安部磯雄、木下尚江、堺利彦、幸徳秋水、片山潜の諸氏の思想の不徹底や矛盾を批判し、…(略)…当時一世の各文家幸徳秋水なども、堺利彦と逢ったとき、千山万水楼主人とは誰れだろう、きっと新帰朝の大学教授かもしれぬと語ってゐたとのこと、」(「河上肇博士の横顔」(下)、『教養』健文社、昭和二十一年、二五頁。)
(10)『河上肇著作集』第一巻、筑摩書房、昭和三十九年、七七頁。
(11)大熊信行「河上肇」、朝日ジャーナル編『日本の思想家』(3)朝日新聞社、昭和三十八年、一三五〜一三六頁。
(12)杉原・一海編『河上肇・自叙伝』(一)、一〇四〜一〇五頁。
(13)杉山平助「求道者河上肇」文藝春秋』、昭和八年三月、二三二頁。

（14）『河上肇著作集』第一巻、五～六頁。
（15）同上書、七七頁。
（16）同上書、七八頁。
（17）大内兵衛は、この伊藤の無我苑、無我の愛と河上との関係をこうのべている。「博士は、『社会主義評論』を書くうちに、早くもそのことをやめて無我苑に入った。そして昨日までの経済学者は今日は一つの（世間からいえば一種のインチキな）宗教の宣伝家となったのである。」（大内、前掲、三七二頁。）
　伊藤と何度か直接的に接触したことのある哲学者森信三は、伊藤をこう評価している。「氏によれば、われわれ人間の個体的存在の最窮極的単元は、絶対に分けることのできない『意識点』であって、それは、その絶対的不可分性のゆえに、永遠に不滅であり、かくして氏は、自らの形面上学説を根底とする独自の霊魂不滅説に到達したわけである。…（略）…二、三の卓越した人々を別にしては、何人も扱わなかった独自の世界観体系だったということは、今日心ある人々の、改めて検討に値する事柄かと思うのである。」（森信三「伊藤証信の哲学説について」、千葉耕堂『無我愛運動史概観――付・伊藤証信先生略伝』無我愛運動史科編纂会、昭和四十五年、一八五～一八六頁。）
（18）伊藤証信『無我愛の真理』蔵経書院、大正十年、一六頁。
（19）安部能成は当時を回顧して次のようにのべている。「藤村の自殺が我々に与へた衝撃は大きく、未熟の身で人生を『一切か皆無か』につきつめて、自殺に駆られるといふ傾きの我々にあったことは事実である。…（略）…岩波は藤村の自殺に刺激され、東片町の寓居で『巖頭の感』を読んでは、林、渡辺と共に泣いたりした。」（安部能成『岩波茂雄伝』岩波書店、昭和三十二年、六二〜六三頁。）

(20) 伊藤、前掲書、一七頁。

(21) 同上書、一八〜一九頁。

(22) 同上書、二〇頁。

(23) 杉原・一海編『河上肇・自叙伝』（五）、九三〜九四頁。

(24) 伊藤証信『河上肇博士と宗教』ナニワ書房、昭和二十三年、六頁。

(25) 白柳秀湖「唯心的人物と唯物的人物評」『祖国』第二巻第五号、昭和四年、四九頁。

(26) 河上の白柳に対する反論の一部を引いておこう。「私は『社会主義評論』を書いて官憲に睨まれたといっているが、当時そんな警察方面の煩いというものは、影も形もなかったのである。…（略）…また千山万水楼主人が法学士河上肇だということが、執筆の途中世間に漏れ、そのために私が慌て出したもののように言っているが、これまた全然嘘である。」（「自画像」、杉原・一海編『河上肇・自叙伝』（一）、一二一頁。）

(27) 同上書、一一二〜一一三頁。

(28) 寺川俊昭は次のような意味で使われているという。「その当面の意味は、人間が生命をつなぐに足る最小限の可能点を確かめようとする実験ということである。真宗の俗諦勤倹の教えに基いて、生命を保持しつつ衣食をどこまで捨てることができるかという実験である。」（寺川俊昭『清沢満之論』文栄堂書店、昭和四十八年、六七頁。）

(29) 杉原・一海編『河上肇・自叙伝』（五）、一〇二頁。

(30) 同上書、一〇九頁～一一〇頁。
(31) 同上書、一一〇頁。
(32) 伊藤『河上肇博士と宗教』、一五～一六頁。
(33) 同上書、一八頁。
(34) 杉原・一海編『河上肇・自叙伝』(五)、一一六頁。
(35) 杉原・一海編『河上肇・自叙伝』(一)、一四五～一四六頁。
(36) 杉原・一海編『河上肇・自叙伝』(二)、岩波書店、平成八年、五一～五二頁。
(37) 河上徹太郎は、李卓吾と松陰についてこうのべている。「思ふに童心説は松陰と卓吾の思想の楔機である。童心とは一と先づ無垢の心と解していゝのだが、それが到らない稚なさと違ふことは勿論で、それが大丈夫の直たる志に通じることは、これを松陰が『至誠』の精神で受けとってゐることで分る。卓吾は童心を振りかざして、忌憚なく前代の腐儒の形式主義の虚をついた。…(略)…『真』と『仮』、即ちホンモノとニセモノの対立が、彼のあらゆる批判の基準であった。」(河上徹太郎『吉田松陰――武と儒による人間像』文藝春秋社、昭和四十三年、二六〇頁。)
(38) 饗庭孝男「河上肇」『近代の解体――知識人の文学』河出書房新社、昭和五十一年、一三一頁。

主要参考・引用文献(河上肇の著作は省略)

伊藤証信『無我愛の真理』蔵経書院、大正十年
白柳秀湖「唯心的人物評と唯物的人物評」『祖国』第二巻第五号、昭和四年

杉山平助「求道者河上肇」『文藝春秋』昭和八年
赤城和彦「河上肇博士の横顔」（上・下）『教養』第一巻第二〜三号、昭和二十一年四〜五月
伊藤証信『河上肇博士と宗教』ナニワ書房、昭和二十三年
天野敬太郎編著『河上肇博士文献誌』日本評論新社、昭和三十一年
安部能成『岩波茂雄伝』岩波書店、昭和三十二年
吉田光『河上肇――近代日本の思想家』東京大学出版会、昭和三十四年
住谷悦治『河上肇』吉川弘文館、昭和三十七年
千葉耕堂「伊藤証信と河上肇」『大法輪』昭和三十八年五月
大熊信行「河上肇――求道のマルキスト」、朝日ジャーナル編『日本の思想家』（3）、朝日新聞社、昭和三十八年
唐木順三『新版・現代史への試み』筑摩書房、昭和三十八年
大内兵衛編集・解説『河上肇』〈現代日本思想大系（19）〉筑摩書房、昭和三十九年
大河内一男「河上肇と求道の科学」、大河内一男・大宅壮一監修『近代日本を創った百人』（上）毎日新聞社、昭和四十一年
天野敬太郎・野口務編『河上肇の人間像』図書新聞社、昭和四十三年
河上徹太郎『吉田松陰――武と儒による人間像』文藝春秋社、昭和四十三年
千葉耕堂『無我愛運動史概説――付・伊藤証信先生略伝』無我愛運動史科編纂会、昭和四十五年
住谷和彦編集・解説『河上肇』〈日本の名著（49）〉中央公論社、昭和四十五年
藤田省三『転向の思想史的研究――その一側面』岩波書店、昭和五十年

「河上肇——生誕一〇〇年」『思想』昭和五十四年十月
山田洸『河上肇』〈人と思想（5）〉清水書院、昭和五十五年

第七章　近代日本における「修養」

人はいつの時代も、あらゆるものから解放されて生存しているわけではなく、何ものかに強く拘束されて生きている。時代により、社会により。それぞれの枠内で存在を許されていると言ってもいい。人力を超えたところに存在する大自然の拘束もあれば、人工的な規矩、宗教、道徳、教育によるものもある。そして人は、それらの拘束に対して、順応する場合もあれば、徹底抗戦を挑む場合もある。そこには、抑圧の風景もあれば、同化、反逆、解放の風景もある。人工的拘束というものは、社会的、時代的背景のなかで、綿密に作られてゆく。

かつて修養という拘束的人間教育の一形式があった。これが、真の個人の自律を意味するものとなったか、それとも、ある個人への、また国家への忠誠的人間形成のためのものであったかについては、慎重な検討が必要とされるところではあるが、どちらかと言えば、おしきせの倫理、道徳と深く、強く結合し、支配体制の秩序維持、防御のための、巧妙な手段という色が濃いものであったことは、言うまでもない(1)。

かつて、全社会とは言えないが、日本の広い社会領域において、儒教的修養が、日常的規範であり、その社会秩序維持にとっての基本的雰囲気となっていた。

しかし、近代以後になって、この修養が、俄かに、もてはやされる時期が到来したことがある。明治の後半から大正にかけてのことである。日清、日露という戦争の結果、表面的に一応は勝利をおさめた日本は、それまでの国内外の緊張感というものが、やや弛緩したのは事実である。このことが、人間個人の意識の上に、さまざまな影響をおよぼすこととなった。国家に忠誠を誓う人間像は、次第に後退し、個人的日常に重きを置こうとする風景が多く見られるようになる。日本が「大国」に膨張したという幻想のなかで、個人は一時の安心を手にしたかに見えた。しかし、現実の日常は生活苦に呻吟する民衆の姿があるばかりであった。国家への忠誠も関心も弱く、薄くなり、それに背を向けて歩く人間像が色濃くなってきた。国家からの個人の乖離現象である。このことは国家の側にしてみれば、国民統治上の一大ピンチであった。

この国家への背反、無関心を日常とする民衆の精神は、この時代の象徴的現象となった。それまでの国家への期待も消え、そうかといって自立するだけの力量もなく、煩悶する若者の数は増大し、一つの社会現象となった。明治三十六年五月二十一日の藤村操の華厳の滝での投身自殺は、このことの予見的、象徴的事件であった。安倍能成は、当時の若者の心情を次のように語っている。

「藤村の自殺が我々に与へた衝撃は大きく、未熟の身で人生を『一切か皆無か』につきつめて、自殺に駆られるといふ傾きの我々にあったことは事実である。私は入学の時藤村、藤原と同級で、藤原は特に藤村と親しかった。藤村は紅顔の美少年で死んだのは数へ年十八歳だが、満は十六歳十ヶ月で、岩波より五つ年下であった。当時及びその後私より一級下の魚住影雄が『校友会雑誌』誌上毎号人生や宗教の問題を痛烈に論じたことは前にも触れたが、魚住は藤村と相知って居り、最も多く藤村の死に動かされた一人である。(2)」

青雲の志を抱き国家有用の人物たらんとしていた若者が、俄然そのような世俗的名誉を恥とするような心境に変質したのである。国家価値の絶対性は希薄化し、個人の関心事は、私的なものに限定、集中されることとなった。

ナショナリズム昂揚期に、日本主義を高唱していたあの高山樗牛も、明治三十四年には、例の「美的生活を論ず」(3)を発表し、本能に絶対的価値を置き、幸福とは本能の充足であるとした。明治三十五年四月には、この頃の苦況を親友姉崎嘲風に次のように訴えている。

「予は幾度か思ひき、寧ろ一切の欲求を解放して、其の為すがまゝにあらしめむ、我れに於て其の独を楽しむ、亦可ならずやと。然れども吾が心流石に疚しかりき。畢竟悟らむが為には、吾が情、強気に過ぎ、迷はむが為には、吾が知、明なるに過ぐ。予は是の中間に佇徊して、遂に其の適帰する所を知らざる也。足下よ、悪夢に魘はれたる夜は眠らざるに等し、予は実に是の十数年の歳月をかかる煩悶の間に過ごし、(4)」

日清戦争を機に、わが国の民衆は、はじめて国民を意識し、国家を意識したと言ってよかろうと思う。さらに、日本国家の軍人として、初めて異国の地に赴くこととなった。鍬や鎌や網が鉄砲にかわり、民衆は兵士となったのである。大国である清国を破り、次いで露国にも勝利する。しかし、国家は勝利したが、民衆の日常性は多くの犠牲を強いられることとなった。戦勝によって掬い上げたかのように思えた民衆の心情は、次々と国家の網から落ちていった。「成功」ということに異常な憧憬が集まったのも、国家への忠誠によるそれではなく、個人レベルでの利害、なかんずく、金銭的なものへの関心からであった。この「成功」と富の蓄積とが一致したことは、当時の国家政策を破壊するものではなかった。日露戦争の勝利の裏には、巨大な財政的危機が存在し、その戦後経営にとって、民衆の関心とエネルギーが、至富に向かうのは、決してマイナスではなかったからである。

大正五年、徳富蘇峰は、大正青年をいくつかのパターンに分類し、[5]その一つである「成功青年」に関してこうのべている。

「当世に最も繁盛するを、成功青年と云ふ。是れ其の成功したるが為に云はず、唯だ成功を焦るが為に云ふのみ、而して此の青年や、実に頼母敷青年也。彼等は自己の運命を開拓すると同時に、帝国の運命を開拓す。[6]」

ここで蘇峰は、一応この「成功青年」の存在を是としてはいるが、しかしそれは、個と国家とが同一方向に向いて、調和がとれている限りのことである。その後、すかさず蘇峰は、余りにも金銭に目がくらんでいる若者に、次のような酷評をあびせている。

「現時の成功熱の流行患者は、必ずしも高遠の理想あるにあらず。偉大の経綸あるにあらず。唯だ人間万事金の世の中なれば、如何様にしても、金持になりたしと云ふ一念に使役せらるゝに過ぎず。惟ふに所謂成功青年の仏果を遂げざる者は、何れも皆な此の餓鬼道に堕落するの、運命を免れざる者にあらざるなき乎。吾人は成功熱の昂揚が、餓鬼道繁昌の基因たらんことを虞るゝ也。(7)」

二つの戦争に勝利をおさめ、それなりの国際的威信を勝ち取った国家が、さらなる発展のために、この経済的苦境を脱皮し、ナショナリズム昂揚をはかってゆくためには、是が非でも、広汎な国民的エネルギーを必要とした。

国家は国民統治、国民的エネルギーの結集のために、あれこれと対応策をとりはじめたのである。国家は、いま一度、己に関心を持たせ、忠誠とまでいかずとも、民衆が協力してくれる方向での対策に奔走しはじめた。人心の乱れを是正し、軽佻浮華の精神を戒め、社会的混乱を鎮め、勤労、忍耐などの徳目を重視する国民教化政策が、日程にのぼってくる。明治四十一年の「戊申詔書」(8)は、この時期の国家の焦りを象徴するものであった。

明治四十四年三月一日、雑誌「太陽」は、次のような論説を掲載している。

「国民思想又は国民精神の動揺といふ事は、近頃到る処に喧しい。十年前までは、苟にも此の種類の説を口にした者は、直ちに社会から異端視され、世論の迫害の的となって、国民思想の基礎は、さながら磐石の上に据えられたかの観が有った。然るに、時勢は、急転直下の勢を以て進行し、国民思想延いては国民道徳の基礎に就いて、先づ理論的疑惑を懐く者が現はれ…（略）…甚しきに至っては、国民道徳の危機を叫ぶ者さへある。一面に於て、国運が隆々として進歩しつゝある事実が認められながら、他面に於て、仮にも国民精神の動揺萎縮が叫ばれるは、彼れと此れと相対照して、何人も一種奇怪なパラドキシカルな感に打たれざるを得ない。(9)」

国家は飛躍的発展を遂げ、国際的舞台に踊り出そうとしているにもかかわらず、国民の精神は大きく動揺し、衰弱してゆくのは何故かというわけである。

煩悶青年、耽溺青年の激増に対応し、国家は、先の「戊申詔書」に先き立ち、地方に生きる若者に注目しはじめていた。いわゆる官製的青年団形成の前兆であった。明治三十八年九月、内務省が、「地方青年団向上発達ニ関スル件」を、そして同年十二月には文部省が、「青年団ニ関スル件」という通牒を出している。

身体を動かすことなく、煩悶を繰り返す軟弱な学生に対し、地方で農業、山林業、漁業にたずさわる質実剛健な若者の埋もれたエネルギーに注目しはじめたのである。

同じ国に生れながら、一方は世の中で温かく迎えられ、可愛がられ、国家的期待を寄せられてきた若者がいて、他方で、国家からも中央のジャーナリズムの世界からも無視された若者がいたのである。その後者の若者たちが、俄かに注視されはじめたのである。当時の地方の若者の存在を、青年団の生みの親として知られる山本瀧之助は、次のように評している。

「挙世滔々、青年を以て学生の別号なりとし、青年と云へば一も二もなく直ちに学生を以て之に答ふ、ここに於てか、学生にあらざるものは青年にして青年たること能はず、今や都会僅々数万の学生、独り時を得て鷹揚闊歩し、全国青年の大部百万人の田舎青年は、殆ど自屈自捨蟄居縮小せり。…（略）…近来青年の呼声漸く高まれりと雖も、其所謂青年は全く学生に外ならずして、青年論と云ひ少年論と云ふも、多くは之学生論にあらざるはなく、…」[10]

ここで山本の言う「大部百万人」の若者が、浮上してきたのである。若衆組、若者組と呼ばれた青年集団のなかで、それぞれの特徴を保持しながら、呼吸をしていた若者に、国家有用の人材としての称号が与えられたのである。しかし、有用という意味は、国家の表面的リーダーとしてのものではなく、下から支える力持ちとしてのものであった。[11]いずれにしても、それまで各々の地方を全宇宙として生息していた若い衆が、「広大」な国家の青年にされてゆくのであった。

最初の青年の全国的集まりが開催されたのは、明治四十三年のことであった。『大日本青年団史』（熊谷辰治郎）には、次のように記されている。

「明治四十三年四月二十六日に、名古屋市に於て全国青年大会が開催された。これはおそらく、全国と名のついた青年大会の最初のものであらう。…（略）…その数千九百十四人に達し、そのほか広島県沼隈郡青年会員四百十二名は一列車借切りで乗合するなど、なかなかの盛会であった。[12]」

このような国家主導型の画一化の強要に対して、抵抗する若者集団もないではなかったが、[13]大勢としては官製化の道を余儀なくされた。結局はその方向を除いては、地方の若者の存在意味を喪失してゆくのであった。いまだネーションの自覚は浅く、未知数の活力を豊かに残存していた地方の若者集団が、国家的修養団体に官製化されてゆく風景がここにはあった。国家による国民教化運動の一つの大きな柱として修養的教育が浮上してくるのである。この教育は、地方の若者のみならず、一般的国民教育の中軸に置かれることとなった。人格を淘冶し、品性を高め、忍耐を養い、国家を支えうる人間を養成することとなる。日露戦争後から大正時代にかけて、修養は、青年教育、社会教育において大きな目標となる。

知に偏することなく、信、情を重んじ、身体をよく動かし、世俗的名誉、富に憧れることなく、人格の淘冶に専念することが、修養教育の指針となる。多くの修養団体が生れ、「修養学者」が登場する。

全国民に向けて、修養運動の精神を高唱した一人に加藤咄堂（本名熊一郎）がいる。彼は明治四十二年、『修養論』（東亜書房）を世に出している。「修養の要義」として、次のように言う。

「修養の要義は己を知るにあり。自己の宇宙に於ける位置、人生に於ける任務を自覚し。此の自覚の根底に立って世に処し道を行ひ。我が生存をして意義あらしむ。これ吾等が修養の指針たり。」(14)

「修養の目的」に関してはこう言う。

「修養の目的は人格を完成し、当世に等して有用の材たらしむるにあり。此の目的を思索するに当ては先づ人格の何たるやを定めざるべからず。[15]」

修養の要義や目的はこうであるが、これは時代によって、その現出の仕方は異なるものだという。旧い修養は少しずつ移ろいゆくものでなければならない。現時点で必要とされている修養とは何か。彼は次のように言う。

「新時代の新修養は又新意味を以て解せざるを得ず。吾人は僅かに静、以て身を修め、倹、以て徳を養ふのみを以て足れりとせず、進んで動、以て世に処し、勤、以て道を行はしめんとす。此の故に吾人の謂ふ所の修養には静の外に動あり、倹の外に勤あり、殊に其の修養する所、人格全般に亘るが故に、唯だ其の目的とする所心田耕耘の一面に存せずして別に身体訓練の一面あり。[16]」

人格の完成、品性の向上、そのための意志の鍛練が修養であるとしても、ポイントは、それが新時代において、ふさわしいものであるか否かにかかっている。誰にとって、何にとってふさわしいものであったかは別として、明治、大正、昭和期の長期にわたって、日本列島を席巻したものに、蓮沼門三の修養団運動がある。

明治三十六年、東京師範学校に入学し、寮に入った蓮沼は、この寮の汚染と不潔さに驚愕し、この環境の清掃、美化に精力を費す。蓮沼の「年譜」にこうある。

「『天下を動かさんとする者はまず動くべし』と泥靴に踏みあらされ、不潔をきわめた寄宿舎の美化を思いたち、起床前単身廊下の雑布がけや便所掃除、運動場の草とりなどをはじめる。[17]」（明

治三十七年)

悲憤慷慨する気持も衰弱し、煩悶を繰り返す空気が充満しているこの環境を憂慮した蓮沼の熱い情念は、明治三十九年二月十一日、仲間と共に修養団を設立する。蓮沼二十四歳の時である。翌四十年には、この師範学校を卒業し、四十一年には、修養団の機関紙「向上」を発刊することとなる。修養団設立の根本的理由を彼はこう語っている。

「つらつら世のありさまを見れば、滔々として我利我欲に趨り、自己のためのみをはかって他人を顧みるの暇なく、人を引き落としても、噛み殺しても、自分の懐に金が入り、おのれの立身ができるならかまうものかと、互いに毒舌を吐き、毒剣を揮って修羅の夢を現出し、互いに血潮を流しておる。…(略)…あふるる熱誠は、現世の状態を黙視するに忍びず、やまんとしてやむあたわざる憤慨の念は、ついに、誠心ある青年の一大団結となり、修養団は組織化されたのである。[18]」

この修養団は、流汗鍛練と同胞相愛を基本に置きながら、白色倫理運動[19]を推進し、国家社会の新たな建設に、貢献可能な人物の養成を主眼とした。修養団は民間の団体とはいうものの、国家の基本的国民教化政策と合致する面も多く、また、現実に政・財界の協力も得て、全国的運動へと拡大していったものである。このことに関して、一部の人たちからは、国家権力に迎合するエセ自発的民間運動で、純粋で正直で真面目な若人のエネルギーを国家へ、また企業へ奉仕させる役割を演じたのが、この修養団運動であるとの酷評もある。そこにあるものは、階級的視点をはじめとする社会的矛盾の認識を抱くこともなく、ただ身体を動かし、汗をかき、堅忍持久の精神があるばかりであったとの見方もないではなかった。

しかし、この運動が、全国津々浦々の多くの人々に共感を与え、全国的な社会教育運動にまで拡大していったことは高く評価されてよかろう。昭和六十年に、創立八十周年を迎え、修養団は「八十年史」を刊行することになったが、その時の理事長、有田一壽は、「刊行の辞」で次のようにのべている。

「修養団が蓮沼門三を中心とする青年学徒によって創立されたのは、明治三十九年二月のことである。爾来、明治、大正、昭和の三代、八十年の永きにわたり、愛と汗とを標榜して、明るい社会建設運動を展開し、今日に至っている。…（略）…修養団の運動は、わが国の主として社会教育の分野において、幾多の新機軸、新生面を切り開き、識者により、日本における社会教育の源流として高く評価されているところでもある。[20]」

ところで、この修養団運動が、一部の人からの批判を受けながらも、なにゆえに力を持ち、あれだけの多数者を引きつけ、全国的運動にまで発展しえたのであろうか。この秘密の解明は、社会運動、政治運動考察の場合、欠かしてはならないものとなるのではなかろうか。

渋沢栄一、森村市左衛門、井上哲次郎、新渡戸稲造、河野広中など、政財界の人たちに支持、協力をえたということ、また、時の国策に沿ったものであったことを考慮しても、それだけでこの運動の成功の理由が完全に解明されたことにはならないであろう。

一つの師範学校という小さな世界に芽生えたこの運動が、日本列島全体に拡大し、蓮沼の精神が浸透していったのは、それを受け入れ、積極的に協力してゆく民衆の精神構造そのもののなかにこそ、それを解明する鍵があるといえよう。

流汗鍛練、同胞相愛、総親和総努力による白色倫理運動は、企業経営、工場経営の上からも歓迎され、労資の階級対立をも超えた人間愛あふれる世界構築ということで、もてはやされることとなる。それぞれの領域で、各自が個人として修養を積んでゆくことが、いずれは国家社会に寄与することになるとあって、若者の心は躍動した。強制労働ではなく、積極的、自主的労働への意欲は、企業側にとっても、願ってもないことである。修養団運動の拡大状況を、『修養団運動八十年史・概史』は次のように語っている。

「団運動がいかに職域へ浸透していったか、ということの一端を記してみる。東洋紡姫路工場の団員は三千名に達し（昭和三年十二月）、八幡製鉄連合会の団員数は五千人を突破している（昭和六年二月）。秩父セメント秩父工場では全従業員二百六十名が終身団員となり（昭和八年三月）、大阪住友製鋼所では終身団員五百二十二名に達した（昭和八年末）。[21]」

欲望を無制限に発散することによってではなく、修養という、いわば禁欲的倫理の実践こそが、資本主義の精神につながるという風景をここに見ることが出来る。労資の対立を単に回避するという消極的意味だけが、そこにあったのではない。「日東紡績株式会社」の片倉三平は、修養団と工場の関連について、次のように述懐している。

「創立当初から精神修養の一環として取り上げた修養団運動は、当社の訓育、社風の形成に裨益するところ大なるものがあり、とりわけ、昭和三年八月の信州木崎湖畔の第三十五回修養団講習会受講が発端となり、蓮沼先生をはじめとする諸先生方の熱意溢れるご指導、ご薫陶を受け、愛と汗の運動は、燎原の火のごとく日東紡各工場に拡がっていったのである。[22]」

従業員の労働意欲、向上心に基づく生産性向上は、経営者にとっても、この上ない喜びであったが、働く側にとっても、このことによって、己の存在理由が確認出来、自主独立の精神で各々貢献可能とあれば、なにも急進的労働組合運動への道を選択する必要はなく、惜しみなく己のエネルギーを放出し、かつて経験したこともなかった「国民」としての自覚と喜びに酔うことが出来たのである。[23]

工場のみならず、地方農村に生きる人たちの心情にも、修養団の精神は強く深く浸透していった。次のようにのべる人もいる。

「農村社会の沈滞、衰退が問題化し、農村社会解体の危機感がいだかれるなか、そこで生きる個々人も、大きな不安にさいなまれながら、自分たちの生きる道を模索していた。そうした状況のなかでは、個人の道徳的向上が即、社会を向上させる、改良することになるという修養団の論理は、きわめて魅力的なものであったに違いない。[24]」

近代主義的知識人からは、非科学的、非論理的などと嘲笑されたこの修養団運動も、国家から無視され、放擲されている人間にとっては、己の生き甲斐を感じ、己の存在を公的に示し得る千載一遇の好機であったかもしれない。

もちろん、そのためには、本来持ち合わせている若者の野性味は駆逐され、毒気は消され、角は抜かれ、忠良なる国民として生きることを余儀なくされてゆくことを覚悟しなければならなかった。この現実から目をそらしてはならない。そらしてはならぬが、それでは、それに代り得る、あるいはそれを凌駕するだけの道が、彼らの行く手にあったのか。

村落共同体内部で生き死にしていた若者が、国家的使命、役割を担うことになったのである。修養団運動は、この国家と若者を繋ぐ、極めて優良な媒体となっていたのである。村落共同体で通用していたルール、モラル、などを破壊することなく、修正して継承してゆくテクニックを修養団は持っていた。旧習に基づいての新鮮な実践が、修養団運動の基本にあったということが出来よう。

例えば、大正四年八月に実施された福島県那麻郡桧原湖畔での第一回天幕講習会にそのことはよく現われている。修養団史上はいうまでもなく、この講習会は、日本の社会教育史上でも極めて重要な意味を持つものであった。

全国から選抜された青年が、蓮沼精神の徹底化をはかり、国家の細胞となるべき村落共同体の自治を浄化しつつ、団結を強めてゆくことを目的とした。講師には、蓮沼のほか、田沢義鋪、小尾晴敏、山下信義、有馬頼寧、松崎蔵之助らの錚々たるメンバーがあてられた。具体的内容は次のようなものであった。

「天幕は十六建てられ、全国から集まった七十五名の講習生と八名の聴講生は十の天幕に分かれて入り、それぞれ家に擬し、十の家の名は、公共、勤検、協同、貫行、自彊、醇厚、弘毅、感謝、分担、和楽であった。そして、三つないし四つの家で組を作り、三つの組で向上村となした。その他の天幕は、向上村の役場、学校、病院、郵便局、産業組合、来賓用にあて、湖畔に一つの自治村が出現した。[25]」

国家の細胞となる理想の自治体実現が目標であるが、そのためには具体的、日常的仕事による団結、親睦を旨とすることになる。その場合、自由はある枠内におけるものであった。いわば、枠の実現でもあった。これがあたかも若者の自主的、内発的なものであるかのように見えるところに、この講習のねらいはあった。

若者の初々しいエネルギーを吸収し、同胞主義、総親和主義でもって、天皇制国家完成、強化の枠に組み入れてゆく巧妙なものが、そこには隠されていた。それでも、この修養団運動が、多くの民衆の関心をひき、大きな運動として展開してゆくという事実を、けっして冷笑してはならない。

こういった修養主義、修養運動とは別に、和辻哲郎、阿部次郎、安倍能成らを中心とした西欧思想の輸入による教養主義、教養派と呼ばれる知的運動の潮流があったことは周知の通りである。この教養主義とか教養派というものは、修養主義などと較べる時、極めて新鮮な響きを持ったものである。堅苦しい規範や形式、枠などに拘束されることなく、自由、進歩を重んじ、新しい時代を開拓するための知的潮流であるとの印象を強く与えたのである。

大正教養主義という一つの知的運動が、日本近代の知を代表するかのように、言論界を席巻し、当時の知識人、学生などの間で流行したことがある。たしかに、この大正教養主義の果した役割は多くありはするが、ここでは、その良面よりも、運動としての「力」のなさを説いてみることにしたい。

政治的、国家的なるもの、また、俗世間的なるものへの発言を極力控え、個人の人生を優先させ、古典への密着を通じて、思索に耽ることをもって、教養主義の特徴とする。教養派と呼ばれる人たちにとって真理の探究とは、外部の世界を見ぬことであり、古典を師として、それに没頭することであった。

大正三年に第一高等学校に入学した三木清はこう語っている。

「大正時代における教養思想は明治時代における啓蒙思想――福沢諭吉などによって代表されてゐる――に対する反動として起ったものである。…（略）…私はその教養思想が抬頭してきた時代に高等学校を経過したのであるが、それは非政治的で現実の問題に対して関心をもたなかっただけ、それだけ多く古典といふものを重んじるといふ長所をもってゐた。」(26)

自ら現実世界の侵入を峻拒しただけではなく、現実世界で汗と血を流しながらの日常を余儀なくされている多くの人たちの世界があることを、彼らは結果的には無視してしまった。

現実の民族や国家、社会から離脱したところで、古典をどれほど読み、知識をどれほど増やし、観念世界で、それほど遊戯的苦悩をしたかが、彼らのプライドにつながるものであった。

明治の末期から大正にかけての時代は、いうまでもなく、国内外ともに激しく揺れ動いた時代であった。明治四十年の足尾、別子銅山の暴動、明治四十三年の大逆事件、韓国併合、大正三年のシーメンス事件、第一次世界大戦、大正七年の米騒動、シベリア出兵、大正八年の普選運動、大正十二年の関東大震災などなど。

こういった時代であればあるほど、教養派の人たちは、そういった現実と己の間に、幾重もの厚い壁を用意し、「良質?」の思索に耽ったのである。

唐木順三が、教養派の性格を次のように特徴づけたことがある。

「教養派は内面的生活、内生に閉ぢこもる。それは二重の意味に於て外面的なもの、外面生活を主問題としない。一つは我々の身体的、或は行住座臥的な型、かつて修養がその規範とした形式を問題にしない。…（略）…その二つには、社会的政治的な外面生活を問題にしない。…（略）…問題は個性と普遍、自我と神にある。さうしてその中心問題の究明は、今日の如き師弟関係の稀薄な、人と人との間に信用のない時代にあっては、古人の書物に頼るより外にないといふのである。」(27)

日本人の生活規範の伝統とも言うべき秩序や形式などに、いささかも価値を見出すことなく、また、己を囲繞する政治、経済にも何の関心も示さず、ただひたすら、古典に依拠しつつ、内面的思索に没入することを唯一の生甲斐とするというのである。

先述した修養団の天幕講習会が開催された大正四年に、阿部次郎の『三太郎日記』（第二）が岩波書店より刊行されているが、この『三太郎日記』に教養派の特徴がよくあらわれている。啓蒙合理主義や実用主義、効率主義などといった国家、社会に役立たねばならぬという気分を排するところに教養主義、教養派が位置することになるのは明らかである。

浅慮な実学や実利主義の帰結するところが、どれほど危険なことであるかを私たちは知らねばならない。いつの間にか近、現代人は、生産活動を唯一の人の道として受容し、それに役立つことをもって、最高の生甲斐としているところがある。しかも、それが国家のため、全体のためというところへ収斂してゆくことによって、さらなる価値が重ねられてゆくというシステムが構築されている。

それだからこそ、日常から遠く離れ、高所より時の政治状況を鳥瞰し、役に立たないということが、決定的に重要な役割を果すことがある。しかし、そこには強烈な現実への関心と対応の欲求が濃厚に存在することが前提となることも忘れてはならない。はなから、いかなる欲求も関心もなく、それが常態となる時、この姿勢は単なる空虚な遊戯となり、エセ客観主義を生み、遂には、体制内存在のために極めて重要な役割を果すこととなる。

実践、実行に敬意を表しつつも、その空虚さについて『三太郎の日記』は、次のように語っている。

「ある人は考察の生活、観照の生活、瞑想の生活――約言すれば思想の生活の空しさを説いて、事業と実行の生活につくべきことを奨説する。…（略）…しかし、確乎たる思想上の根底を有せざる実行の生活もまた空しい。…（略）…ただ動くがために動く生活のあわただしさを思え。…（略）…実行のために実行を追うものは、ただ無数の事件を経験するのみで、真正に『我』を経験する機会を持たない。(28)」

行動、実行の生活とは離れたところで呼吸をしたがる教養派であるが、しかし、その軽く見てきた集団やその人たちが形成してきた力強い圧力に対し、一矢も報いることもなかった事実をどう弁明するのであろうか。血の団結だとか結束だとかを教養派は嗤う。民族や国家よりも、普遍的人間に価値を置く。日本とか、日本人といったものに執着し、民族の道を濃く出しすぎると、人間が人間として持っている人類的普遍的価値を過小評価し、また欠落さす危険性があるというのである。民族ではなく、それを超えたところに人間としての教養の問題があるとして、『三太郎の日記』は次のように説く。

「民族的教養は我らにとって唯一の教養ではない。およそ我らにとって教養を求むる努力の根本的衝動となるものは普遍的内容を獲得せんとする憧憬である。個体的存在の局限を脱して全体の生命に参加せんとする欲求である。ゆえに我らは民族という半普遍的なるものの生命に参加することによってこの渇望をみたすことはできない。(29)」

国粋主義や民族至上主義が横行する時、この人間としての普遍的価値追求の理念は、極めて重要な思想的武器となることはいうまでもない。

一国の、また、一民族の自律性、独立性を問い、それを追求することに、すべての瑕疵があるということではなく、それは一面的であり、普遍的価値そのものではないと、『三太郎の日記』はこのように言う。

「我らが教養を求むるは『日本人』という特殊の資格においてするのではなくて、『人』という普遍的の資格においてするのである。日本人としての教養は『人』としての教養の一片にすぎない。民族的教養が唯一の教養でありえないことは、教養の本質より見て自明の道理である。ゆえに我らが教養の材料を求むるとき、その材料の価値を定むる標準は、それが我らの祖先によって作られたものであるかないかの点にあるのではなくて、それが神的宇宙生命に浸透することの深さに依従するのである。[30]」

ナショナリズム昂揚期、激昂期における、あの民族的神話による人間改造の恐怖を忘れてはならない。民族の固有性を語る時、その前提として常にクールなブレーキのきく装置が市民レベルにおいて用意されていなければならないであろう。

「普遍的妥当性に対する純真なる憧憬を欠くとき、あらゆる教養は、あらゆる学術はその根底を喪失する。かくのごとき教養は民族と民族との間の憎悪を増進する『戦争』の道具となるにすぎないのであろう。[31]」

『三太郎の日記』にあるこの文章は、訂正を必要としないほど完璧なもののようである。しかし、憎悪の対象としてしか見てこなかった民族や、天皇制への恋々とした情念が、現実世界における多くの民衆の心情であったことをも同時に忘れてはなるまい。

抽象的人類史や普遍的人間像が、具体的日本の歴史と心情を凌駕することがどれほど困難なことであるか、私たちは苦い過去の歴史から多く学んできたはずである。世界平和や人類愛の尊厳を認めぬ者はいないが、ギリギリのところで、己が日本人であり、日本の歴史を背負いつつ生存してきたという歴然とした事実も明確に自覚せざるを得ない。それぞれの国家、民族が、宗教、政治を異にしつつ、それぞれ独自の歴史を紡いできたのである。この事実への自覚のなさ、軽視が、共産主義運動家の転向の一つの原因になったことはいうまでもなかろう。

世界平和も人類愛も、「万国の労働者団結せよ」も、それはそれとして素晴らしい。コミンテルンの「テーゼ」も、それなりに立派である。しかし、現実に、確実に存在する一国の歴史と切り離して個人の存在があるわけではないのである。究極的に、絶体絶命のなかで個人が選択し得るものが、例外はあるとしても、家族的情愛であり、長期にわたるその国の、その民族の伝統、習慣ではないか。それを無視した階級闘争、平和運動が、いかに貧困で、やせ細ったものでしかないかは証明済である。昭和八年の、あの佐野学、鍋山貞親の獄中転向「共同被告同志に告ぐ」にも、そのことはよく表現されている。転向者の一人、小林杜人も、獄中生活を体験し、次のような声をあげている。文中に小野とあるのは、小林のことである。

「小野はヨーロッパ人にも、アメリカ人にもなり得ない。即ち瞑々の裡に、この三千年の歴史を持った日本民族の血が、小野の血管に躍動して居るのだ。そこで先づ第一に日本人たることを肯定せざるを得なかった。[32]」

「仮りにソビエット・ロシアと日本が戦争するとして、小野は日本共産党の政策の一スローガンたる『ソビエット・ロシアを守れ』と云って居ることが出来るだろうか。自分にはそれは出来ない。それのみか、そうした場合は、小野は自国のために死を捧げることこそ欲するであらう。[33]」

日本人としての己を投げ捨てても、闘って勝ち取るに値する普遍的価値が、この世にないとは言えない。排他的、利己的ナショナリズムの危険性は常に気にかけていなければならない。しかし、抽象的人類の永久平和のためという運動の最中に、次々と斃れてゆく家族や仲間の姿を目のあたりにする時、己の体内を流れる血は、いかなる声をあげるのか。人間個人の存在は、いきなり無媒介に人類や宇宙につながるわけではあるまい。

民族にもとらわれず、日常的政治、経済からも逃れ、内面的世界にのみ閉じこもって、古典を読み、古典を師として仰ぎ、思索を続けるという行為は、狭隘で独善的な立場からの脱却、解放を意味し、人類が創造してきた数々の文化を極めて自由に評価するという精神につながるように見えはするが、そうではなかろう。そこに生れるものは、無責任な相対主義と、不徹底なニヒリズムであろう。

もちろん、教養主義、教養派が果たした役割を全面否定するなどといった大それた独断が許されていいはずはない。岩波文化と言われるものの創造者たちの貢献は、亀井勝一郎の次の言辞に集約されている。

「西洋文化の根源をなす様々の古典、各国一流の著作を紹介し、或はそれを基礎とした着実な学究を登場せしめた。同時に、東洋及び日本の古典伝統をふりかえり、これを西欧的知性の照明のもとに再検討しようとした。この二つを私は意義ある企図としたい[34]。」

教養人は、物識り、博識でなければならなかった。同時に教養人の読書の幅には驚嘆するものがある。時代を超え、地域を超え、ジャンルを超えて彼らは古典を師として学んだのである。しかし、その行為が現実的人間の存在に測鉛を降すことはなく、ただ浮遊していたにすぎないという酷評も是とせざるを得ない。これでは、信仰にもちかい絶対的形式、拘束に基づいたところから生れてくる決断、行動に、かなうはずはない。「型」と軍隊について唐木順三はこう言う。

「彼等（＝軍）は機械的に天皇を絶対化した。国家を絶対化した。統帥部を絶対化した。…（略）…軍の絶対化の前に政治も文学も萎縮しまたは追随した。何故にさういふことが簡単に行はわれえたか。軍が型をもってゐたからである。或はむしろ型そのものであったからである[35]。」

迷うことなく、一つの方向へ自信（？）を持って突き進んでゆける、このしきたりをもったものに対して、教養がいかに弱く、はじめから勝ち目のないことを、唐木はさらに次のように言うのである。

「教養が自己を絶対化した存在に対して如何に無力であったことか。或は絶対化した存在に如何にさらはれていったか。そして人間が、殊に日本人が型に対して如何に弱く、更にはまた型に憧憬することか。…（略）…教養とは所詮型に抗しえないものである。また抗しえないやうな教養が日本の教養であった。[36]」

枠、しきたり、形式に依拠する行的実践が近代的知に対していかに強力なものであるかは、いまも私たちは日常的に経験していることでもある。カントもヘーゲルも、ニーチェもキエルケゴールも理解している己が、何故その行的実践に敗北を喫するのかと涙を流して悔しがる「知識人」はあとを絶たない。

この教養主義、教養派的なるものと、蓮沼の修養を較べる時、その違いは歴然としてくる。蓮沼は常に行動実践、行動を優先させる。神道であれ、キリスト教であれ、仏教であれ、それらは彼の心中で一つのしきたりの基盤に溶け込んでいる。平和憲法より一片のパンを選択する極限状況下に置かれた人間の苦悩を救済するものは何か。また、その時その人間の魂を突き動かすものは何か。蓮沼は己の肉体と精神を極限まで責め抜くことによって、そのことを体感している。実践、行動を伴わない教養を彼は信用しない。明治四十年の蓮沼の言はこうである。

「吾人は徹頭徹尾、実行主義である。高尚な理論を語るよりも卑近な道理に満足して、意味ある真生活を営めばよいのである。…（略）…吾人は学者でないから深遠な倫理説を説き、そして人を理屈づめにすることはできぬ。…（略）…ただ実行方面において成功しようと思うのである。[37]」

この主張、主義は蓮沼の人格の基底の部分に存在したもので、生涯変わることはなかった。肉体化しない思想、教養の虚を突いて、どれほど多くの暴力が横行したことか。

地中深く掘り下げ、水脈を探り当て、それを吸引して構築していった理論や思想を、日本の近代は、例外的にしか創造し得なかった。日常のなかで呻吟する民衆の肉声、情念を汲みあげるどころか、それを非合理的、非論理的だとして軽蔑し、無視し、放擲していった、あきれた近代思想があるばかりであった。水脈や鉱脈に目をつけ、それを掘り当て、利用していったのは、むしろ国家権力の側であり、それを支援する学問であった。また、その国家権力との結合という危険性をはらみながらの、蓮沼らの修養運動であった。

疑心を喪失し、歪んだ現実を己の忍耐の努力で乗り切ろうとする極端な真面目人間を、国家はいつの時代も、待ち望んでいる。なかんずく、国民統治機能に危機と病理が生じた時、その欲求は頂点に達する。貧困と矛盾の錯綜する村落共同体は、山紫水明の桃源郷にすりかえられ、青年の野性味と本能的爆発力は愛撫と暴力でもって骨抜きにされてゆく。

蓮沼の次のような発言を、国家は喉から手の出るほど欲しがるものである。

「私情私心を去り、国本確立のために、身命を捧ぐべき時機は到来したのであります。われわれは、その善化綱心となり、せめて自分の綱域だけでも分担して、わが住む里を総親和総努力の明るい里として、かくして国家進運に貢献しなければならぬのです[38]。」

宙吊り状態になった精神からは、断じて動かずとか、是が非でも決行するといった力強い行動、実践は生れない。原子化された個人は、その不安解消のために、それが擬似とわかっていても、共同体という罠に身を寄せようとする。血や土の神をうたいつつ、神話という酒で、国家は人を酔わせる特技を持っている。相対的「知」による饗宴が何万回開催されようと、それは、しきたりや拘束をもったものに対抗しきれぬという歴史を私たちは持っている。どれほど陳腐で、浅慮で、非合理的であったとしても、人を究極的なところで動かすものは、神話的なるものであるという絶望的自覚が、とりあえず必要となってくる。

蓮沼を中心とした修養主義、修養団運動は、その出自は別としても、皇国民養成のための社会教育運動であったことは否定出来ない。階級対立、土地制度の矛盾などを隠蔽し、総親和、同胞相愛主義などといった旗を掲げながら、国家体制への協力を惜しむことはなかった。

しかし、そういう主義、運動が、燎原の火のごとく、全国に拡大していった事実を無視してはならないし、行動、実践を嗤いながら、なに一つその勢力に抗することも出来ず、安全地帯で、哲学を語っていた教養派、教養主義を忘れてもなるまい。

注

(1) 一例として次のような見解をあげておこう。「近代日本人の人間形成における基本的枠組みとなった《修養》思想は、日本人個々の《自己支配》の自律的願望にもとづいて形成されたものであった。…（略）…むしろ、《自己支配》の自律的願望に支えられた《修養》思想は、本性上、国家権力による強制をも含めて他律を排しようという姿勢のもとに形成されたものであった。」（宮川透『日本精神史の課題』紀伊國屋書店、昭和五十五年、一二九頁。）
（2）安倍能成『岩波茂雄伝』岩波書店、昭和三十二年、六二〜六三頁。
（3）明治三十四年四月、雑誌『太陽』に掲載。一節にこうある。「何の目的ありて是の世に産出せられたるかは、吾人の知る所に非ず。然れども生れたる後の吾人の目的は、言ふまでもなく幸福なるにあり。幸福とは何ぞや、吾人の信ずる所を以て見れば、本能の満足、即ち是れのみ。本能とは何ぞや、人性本然の要求是れ也。人性本然の要求を満足せしむるもの、茲に是を美的生活と云ふ。」（『樗牛全集』第四巻、日本図書センター、平成六年、七六六〜七六七頁）。
（4）『樗牛全集』第二巻、日本図書センター、平成六年、七二五頁。
（5）「大正青年と帝国の前途」（神島二郎編『徳富蘇峰集』〈近代日本思想大系（8）〉筑摩書房、昭和五十三年、七一〜七九頁）のなかで、次のような青年の姿をあげている。「模範青年」、「成功青年」、「煩悶青年」、「耽溺青年」、「無色青年」。
（6）同上書、七二頁。
（7）同上書、七四頁。
（8）橋川文三はこの「戊申詔書」についてこうのべている。「明治末期の日本には、一種病理的な機能不全を思わせるような様相が広汎にあらわれていた。それらの事例を一つ一つとりあげてみるまでもなく、明治四十一年十月十三日、天皇の名によって発布された『戊申詔書』そのものが、そうした社会的病理の蔓延に対する警告以外のものではなかった。」（『昭和維新試論』朝日新聞社、昭和五十九年、一〇二頁）。
（9）金子筑水「国民思想の動揺」『太陽』第十七巻四号、博文館、明治四十四年三月、一四頁。

(10)「田舎青年」『山本瀧之助全集』山本瀧之助功労顕頌会、昭和六年、一〜二頁。

(11) 鹿野政直もこの点に触れて次のようにのべている。「青年を教育する熱意にもかかわらず、かれらをばあくまでも非エリート層として固着させようとする意識であった。…(略)…エリートと大衆の深淵は、このときぬきがたいものとなった。青年団運動における人間形成が、なによりも被治者的精神の養成を目途としたのは、そういう理由によるものであった。」(「戦後経営と農村教育——日露戦争後の青年団運動について」『思想』岩波書店、昭和四十二年十一月、四五頁。

(12) 熊谷辰治郎『大日本青年団史』、一〇三頁。なお、この大会で協議されたものの一つに「青年団規十二則」があるが、それは次のようなものであった。「一、教育勅語並に戊申詔書の御趣旨を奉体すべきこと　一、忠君愛国の精神を養ふべきこと　一、国体を重んじ祖先を尊ふべきこと　一、克く父母に事へ一家の和合を図り身を修め家を興すこと　一、常に自治団体の一員たるを忘るることなく先輩を敬ひ隣保を愛し郷里の為に力を尽くすべきこと　一、業を励み産を治め国力の増進を心懸くべきこと　一、職業に必要なる知識技能を補習して世の進歩に後れざらんことに心懸くべきこと　一、心身を鍛練し勤労を愛するの習慣を養ふべきこと　一、互に善行を励み風紀を正しうし善良なる郷風を作ることに心懸くべきこと　一、質素にして分度を守り進んで公益を広め慈善を行ふべきこと　一、一致協力の習慣を作り公共の為め有益なる事業を起さんことに心懸くべきこと　一、公衆衛生を重んじ各自の健康を保たんことに注意すべきこと」(同上書、一〇五頁)。

(13) 長野県下伊那郡の青年会などはその一例である。『下伊那郡青年運動史』(国土社、昭和三十五年）参照。
(14)加藤咄堂『修養論』東亜書房、明治四十二年、自序。
(15)同上書、十三頁。
(16)同上書、三頁。
(17)『蓮沼門三全集』第十二巻、修養団、昭和四十七年、二五四頁。
(18)『蓮沼門三全集』第十巻、修養団、昭和四十四年、一〇四〜一〇五頁。
(19)蓮沼はこの運動を次のように説明している。「本団運動の倫理概念。太陽の光が七色融合して白色となるように、人間社会においても、それぞれの持ち味や個性を否定するのではなく、むしろそれらを組み合わせ、総親和、総努力によって人類の総幸福を実現させようというもの。本団運動の別称としてもちいられる語。」（『蓮沼門三全集』第五巻、修養団、昭和四十四年、一六〇頁）。
(20)『修養団運動八十年史・概史』修養団、昭和六十年。
(21)同上書、一一五頁。
(22)『蓮沼門三全集』第一巻、修養団、昭和四十六年の「月報」、修養団、昭和四十六年、三頁。
(23)いうまでもなく、労働組合と修養団との間に、次のような対立がないわけではなかった。「職域に団員の数が増え、その運動が活発になっていくと、労働組合の過激派の幹部の目には、団運動はたいへん邪魔な存在として映ってくる。とくに団運動が広がると、ストライキがやりにくい状況が起こってくるので、ストライキをもくろむ指導者は団を敵視するようになる。」（『修養団運動八十年史・精神と事業』修養団、昭和六十年、一五〇頁）。

(24) 岡田洋司『農村青年＝稲垣稔――大正デモクラシーと〈士〉の思想』不二出版、昭和六十年、八七頁。
(25)『修養団運動八十年史・概史』修養団、昭和六十一年、八〇頁。
(26) 住谷一彦編集・解説『三木清集』〈近代日本思想大系（27）〉筑摩書房、昭和五十年、一一三～一一四頁。
(27)『新版・現代史への試み』筑摩書房、昭和三十八年、四五頁。
(28)『合本・三太郎の日記』角川書店、昭和四十三年、一四二～一四三頁。
(29) 同上書、三五二頁。
(30) 同上書、三五二～三五三頁。
(31) 同上書、三五四頁。
(32)『共産党を脱する迄』大道社、昭和七年、一六三頁。
(33) 同上書、一六五頁。
(34)「現代人の研究」『亀井勝一郎全集』第十五巻、講談社、昭和四十六年、二六五頁。
(35) 唐木、前掲書、七一頁。
(36) 同上書、七三～七四頁。
(37)『蓮沼門三全集』第十巻、一一三～一一四頁。
(38)『蓮沼門三全集』第二巻、修養団、昭和四十四年、四七頁。

主要参考・引用文献（蓮沼門三の著作は省略）

中島力造編『修養講話』目黒書店、明治四十一年
加藤咄堂『修養論』東亜書房、明治四十二年
小野陽一（小林杜人）『共産党を脱する迄』大道社、昭和七年
熊谷辰治郎『大日本青年団史』細川活版所、昭和十七年
安倍能成『岩波茂雄伝』岩波書店、昭和三十二年
長野県下伊那郡青年団史編纂委員会『下伊那青年運動史』国土社、昭和三十五年
唐木順三『新版・現代史への試み』筑摩書房、昭和三十八年
武田清子『天皇制思想と教育』明治図書出版、昭和三十九年
鹿野政直「戦後経営と農村教育――日露戦争後の青年団運動について」『思想』岩波書店、昭和四十二年十一月
阿部次郎『三太郎の日記』角川書店、昭和四十三年
『亀井勝一郎全集』第十五巻、講談社、昭和四十六年
松村憲一「近代日本の教化政策と『修養』概念――蓮沼門三の『修養団』活動」（『社会科学討究』第十九巻第一号、昭和四十八年十二月
住谷一彦編集・解説『三木清集』〈近代日本思想大系（27）〉筑摩書房、昭和五十年
修養団創立七十年記念大会実行委員会編『蓮沼門之論』修養団、昭和五十年
饗庭孝男『近代の解体』河出書房新社、昭和五十一年

神島二郎編『徳富蘇峰集』〈近代日本思想大系（8）〉筑摩書房、昭和五十三年
宮川透『日本精神史の課題』紀伊國屋書店、昭和五十五年
岡田洋司「農村社会運動としての修養団運動の論理と実態――大正後期の愛知県碧海郡の事例」（『地方史研究』昭和五十六年八月）
橋川文三『昭和維新試論』朝日新聞社、昭和五十九年
岡田洋司『農村青年＝稲垣稔――大正デモクラシーと〈土〉の思想』不二出版、昭和六十年
『修養団八十年史・精神と事業』修養団、昭和六十年
『修養団八十年史・概史』修養団、昭和六十年
『修養団八十年史・資料篇』修養団、昭和六十年
『樗牛全集』第二巻、日本図書センター、平成六年
筒井清忠『日本型「教養」の運命』岩波書店、平成七年
宮坂広作『旧制高校史の研究――一高自治の成立と展開』信山社、平成十三年

第八章　農業教育に生涯ささげた　山崎延吉

　農村の風景が変わった。外から見る限り、農家の暮らし向きはよくなったように思える。どこへ行ってもキンキラキンの御殿が立ち並び、農作業は機械化され、舗装された農道を最新型の車が走り抜ける。応接間にはじゅうたんが敷きつめられ、天井にはシャンデリアがつるされ、ピアノ、ステレオがある。鼻水をたらした子供はもういない。土をなめるようにして歩く老人もいないし、伝統文化を語り継ぐ場としての、いろりの火を守ろうとする老人もいない。ゲートボールの時代なのだ。

　このような農村を見て人は豊かになったという。しかしそこには本当の豊かさがあり、充実した暮らしがあるのだろうか。これが農村が農の世界に生きての繁栄であり、農を核としての快適さなのであろうか。土のにおいがそこにあるのか。あの極貧の中での身をよじるような生活にもどれといっているのではないし、非合理的精神主義を、今ここで推奨しようというものでもない。

しかし、この繁栄、豊かさ、快適さの中に私的欲望の洪水のみを見、一抹の不安、困惑を覚えるのは私一人ではあるまい。何かが欠落し、何かが異常に突出しているのだ。

こういう時代にあって、かつて「我は農に生れ、我は農に生き、我は農を生かさん」（我農生）を信条として、愛知県立農林学校（現在の安城農林高等学校）の校長を務める傍ら、愛知県の農業関係の重職を兼務し、さらに帝国農会幹事、代議士を経験しながら、無私の精神で農村振興、農業教育に文字通り生命を賭していった山崎延吉の生涯をかえりみることは、けっして無駄なことではなかろう。

農業、農村、農民に関心や同情を寄せた知識人は多い。しかし彼らの多くは帰農の詩を高らかにうたいあげたにすぎない。つまり、青春の煩悶を観念としての土や自然の中で解消したり、爛れた都会生活からの逃避の場所として農の世界を選んだにすぎない。結局彼らの多くは、貧窮という日常性を削り落とし、山紫水明の桃源郷に己を横たえたにすぎなかったのである。

延吉はそのような生き方は選ばなかった。つねに地方農民の中に存在し、農民の代弁者、というよりも同志として東奔西走したのである。地方農村への講演回数は超人的としかいいようのないほどの多きを数えた。家庭にいるのは、病気で床に伏した時ぐらいのものであった。農民出身ではない彼に、この情熱をかきたたせたものは、いったい何であったろう。

近代的「知」の世界からは理解し得ない何ものかが延吉の内奥にはあったと思われる。耕作農民の貧のリアリティー（現実）から生れる沈黙の情念を延吉は厳しい努力で己のものにしたのであろう。彼は多くの農民に大きな影響を与えたけれども、土着の仮面をかぶって農民をたぶらかすような「農民同情者」ではなかったのである。

明治六年、延吉は石川県金沢市で父有将、母喜久のもとに生れた。明治六年といえば徴兵令が公布、実施され、地租改正条例が公布された年であり、征韓論が否決され、西郷隆盛らの征韓派が辞職した年である。いろいろな問題をはらみながらではあったが、ともかく日本が近代化の道を歩み始めた時であった。延吉の人生は、その後の日本近代国家の紆余曲折とともにあったといえよう。

延吉自身に山崎家の出自について語ってもらうことにする。

「自分の祖先は源氏であって、赤松則郝の出であり、世々山城の山崎に居ったので、それ故地名をとって姓を山崎と呼んだらしく…（略）…家祖山崎長徳は、吉延の子であるが長徳に至って、その血族のものが悉く世に現はれた。始め越前の朝倉義景に仕へ、朝倉氏が没落後は、友好関係のあった明智光秀に従ひ、光秀が亡んで後は、前田利家公に招かれ、遂に前田公の家臣になり、世々金沢市小立野山崎町に住んで、明治の御世を迎ふるに至ったのである。」（『我農生回顧録』）。

山崎家が古くから武士道を重んじ、武勇の誉れ高い家柄であったことを延吉は生涯を通じて誇りにしていた。家祖長徳から父有将にいたるまで、剛勇で武道にもきわめてすぐれていたようである。しかし、この武勇の激高が時として正道を踏み外し、従順さを見失うことがあったことを、延吉は自らの戒めにもしている。

剛勇、武勇をもって知られる山崎家であったにもかかわらず、延吉自ら「僕は生来極めて蒲柳の質であった。兄があったのであるが夭折し、すぐの弟も生れて間もなく死んだので、僕も死ぬべきものとして考へられた程弱かったのである。」（『我農生三十年・興村行脚』）といっているように、幼少年期の延吉は虚弱で臆病であった。友達からもいじめられ、小学校入学もかなり遅れている。「栴檀は双葉より芳し」ということは、彼にはあてはまらなかったようだ。小学校に入学してからも寝小便、寝糞をたれたという。臆病がまねいた人生最大の羞恥を延吉は次のように回顧している。

「或冬の夜、皆が炬燵に寝て居ると、夜中に便を催して来た。独りでは便所に怖くて行けず、母を起さんかと思案中に、遂に大便をたれて仕舞ふた。炬燵の中であるから臭気が夜具の中に潜行する。遂に父が目を覚まし、事の始末を知るや、決然として立ちあがり、自分の首筋を押さへ、母に命じて線香ともぐさを持って来させ、『この糞たれ野郎、男の子であって何の様だ、恥を知らぬか』と大きな點灸をされたが、泣いても叫むでも甲斐がなく、一生一代忘るゝことの出来ない懲罰の恐しさは、今でも明かに覚へて居る。」（『我農生回顧録』）。

虚弱と臆病は幼年期の延吉につきまとい、彼から離れることはなかったのである。


新しい時代を迎え、家禄を失った士族の糊口の道が、どれほど厳しく悲惨であったかについて

はいろいろな記録が教えてくれている。山崎家も例外ではなかった。厳しい時代のなかで、わが子の将来を案じた父有将は、勇猛果敢、感情興起の教育を徹底して行い、延吉を叱咤激励した。父の気持ちが通じた延吉は、自らも相撲をやり、登山に興味をもち、体力、気力の充実に励んだ。

高等小学校を卒業した延吉は、金沢の専門学校に入学した。この学校がのちの第四高等学校になる。当時、明治国家はその体制の完成をめざしていろいろ策を講じていたのである。明治二十一年の市町村制公布、二十二年の大日本帝国憲法発布、二十三年の府県郡制公布、第一回衆議院議員選挙といったように。こういう時代に法律や政治に青年の関心が向くのは当然のことであり、若者の多くは法科を選んで時代を担う志気を養ったのである。農科を専攻したのは延吉一人であった。農科選択の理由がふるっている。

「己を知るものは己に如かずで、自分は臆病の矯正をなし、健康を建設したが、生来の口不調法は改める事が出来ず、訥弁と云ふよりも、物が云へぬと云った方が適当である程に、話が出来ぬ男であった。それには天地を相手に、黙々として働いて居ればよい、農民が一番よい、加之、在学中でもストライキをやって、退校せねばならぬこともある。世の中は益々複雑を極むるのであるが、其の中で尤も安全なる境地は、生命の糧を作る農民である。」(同上)。

農科一人ということで、延吉は法科、工科などの生徒に混入して授業を受けた。このような動機ともいえない動機で選んだ農科であったが、この選択が将来の延吉の農への世界突入を決定づけることになる。

日清戦争の始まった年、つまり明治二十七年の七月に校長狩野亨吉の温情などもあり、延吉はどうにかこうにか第四高等学校を卒業し、東京・駒場の農科大学に入学し、農芸化学を専攻することになる。創設されたばかりのこの大学では前身である駒場農林学校在学生と同窓ということになった。卒業論文作成に関して菓子好きの延吉は、砂糖の研究をテーマにした。四国、九州に足を運び、台湾にも足をのばし、甘蔗の比較研究に心血を注いだ。卒業前の一年間というものは、授業にはほとんど出席せず、分析室にも顔を出さなかった。

この必死で書き上げた卒業論文が契機となって、延吉は先輩から糖業改良研究ということで台湾行きをすすめられたのである。その気になって渡台の準備をして、その日のくるのを待っていた延吉であったが、突如として台湾の殖産部がなくなり、このことは白紙に返ってしまった。明治三十年七月二日のことであった。延吉の失望落胆はかなり大きく、悲痛の涙にくれたのである。ままならぬ現実を思い知らされたのであった。

台湾における糖業改良のための研究の夢が、はかなくも消え去ってしまった延吉は、北海道で農民になる決意を固めていた。その時のことである。突如として教師の口がかかったのである。その時の模様を延吉は次のように述べている。

「自分は台湾行が駄目になったので、元の志に立かへり、北海道に行く準備をして居ると、農科大学々長の松井先生から『後任者がない為めに、校長に栄転することが出来ぬ気の毒な男がある。

今君は、北海道の準備中と聞くが、北海道へは何時でも行ける、一寸の間君が後任者になって呉れゝば校長に栄進する人の喜びは大したものである』とて、自分に福島県立蚕業学校に赴任をすゝめられたのである。」(同上)。

人前で話すことの苦手な延吉は、かたく断ったが、後任者が着任するまでだということなので、しぶしぶ承諾することになった。

この福島行を承諾したことが、のちに、延吉をして教育者としての世界を歩ませることになるのであるから、人生というのは不思議なものである。

不本意な教育界への参加ではあったが、いろいろな生徒との日常的接触のなかで、延吉は子どもたちから多くのものを学び、しだいに教育者としての自覚と喜びと誇りを抱くようになっていった。この福島時代に延吉は久尾と結婚をする。明治三十一年八月、二十五歳であった。結婚に際して延吉は父親から重い責任を押しつけられている。家の借金の返済と弟妹四人の面倒をみる、ということであった。十年で借金を返し、弟二人には大学教育を受けさせ、妹二人はそれぞれ嫁がせ、立派にその任を果たした。

明治三十二年五月には大阪府立農学校に移ることになる。延吉の移動を知った福島蚕業学校の生徒たちは彼の引き留め工作を行い学校は騒然となった。それほど延吉はこの学校の生徒に尊敬され、慕われ、なくてはならない存在になっていたのである。

大阪府立農学校が彼を必要とした内幕は次のようなものであった。

「大阪農学校は、我が国に於ける古い農学校であり、権威のある学校である。然るに職員と生徒が通謀して、ストライキを起し、校長を排斥したので、極めて乱脈な学校になり、それが為めに、先輩の井原百介氏が新らしく校長として赴任し、整理することになったが、聊か力不足であるから自分に赴任せよ、との勧誘が先輩からあったのである。」（同上）。

「誠意に敵なし」の信念で、延吉は文字通り身体を張って敢然とその渦の中に飛び込み、あたえられた任務を果たし、学校はまもなく静寂をとりもどしたのである。労を惜しまず、危険をかえりみず、事に正面から突っ込んでいく延吉の精神は、やがて大きな遺産となって皆のこころに宿っていった。

大阪農学校の紛争解決を見届けた延吉は、明治三十四年、愛知県に新設されることになった農林学校の初代校長として赴任する。二十八歳という若き校長であった。新設校の校長として白分の教育理念を思う存分発揮したいという気持ちと、いま一つ愛知県には延吉が大阪農学校時代に上京中偶然に知り合った「義においては師弟のごとく、情においては親子のごとく肝胆相照らした」（『我農生五十年』）古橋源太郎（北設楽郡稲橋村村長、愛知県農会幹事）がいたことが、彼を突き動かす大きな理由であった。着任した当時の安城の様子を延吉は次のように描写している。

「当時安城の停車場からわたしの家へくるまでの途中に、ちょうどいまの女学校のあたりに松山があった。ここに狐や狸が住んでいるというので、日が暮れると、わたしの家へ訪ねてくるものがなかった。わたしが安城へきた明治三十四年の年の暮、東京西ケ原の農事試験場長をしていた沢野淳博士と、伊藤一二（かつじ）という技師とが狸狩にやってきて、三匹の狸をとったというので、三十五年の正月元日に、駅前の豊田屋旅館で、タヌキ汁のご馳走になったことがある。これをもってしても、当時の安城村のおもかげが、ほぼ想像できようと思う。」（同上）。

設立当初のこの学校はひどいもので、校長の宿泊所もなく、延吉は安城の巡査派出所に住み、ほかの職員は寺をねぐらにといった具合だった。校舎は碧海郡の農会の事務所を使用し、遠隔地からの生徒の寄宿舎には、安城駅裏の説教所をあてがった。

大人物主義を教育の根底におき、少々の逸脱などで生徒を退学処分などにはしなかった。暴れん坊などは、自宅へ引き取ってまで教育した。「修身」は延吉自ら教壇に立ち、ほかの教師に任せることはしなかった。校訓としては次のようなものを掲げた。

一、礼節を正し廉恥を重んじ古武士の風を養ふべし
一、国家に貢献せんことを庶幾ふものは勤労を以て身を馴らすべし
一、利を忘るべからざるも尚之が為めに他の迷惑を招くことあるべからず
一、共同一致が成功の基たるを覚知すべし

明治三十年代、四十年代になると、資本主義経済の発達につれ、農村の衰退は明らかに目に見えるようになってくる。農の地位が相対的に低下すればするほど、そこには焦燥をともなう農の高唱が登場する。農本主義台頭の背景がそこにあった。観念の上での農の高唱がきわだってくる。

商・工に対する農の神聖性がうたわれ、経済よりも道徳が優先され、知育を徳育が抑え、肉体的鍛錬が校風をつくる。

延吉が知育偏重をきらい勤労を極力尊重し、農の意義に目覚める、いわゆる土のなかで人間を鍛える教育を徹底しようとしたのは、このような時代背景と無縁ではなかった。

活性化された農業教育を狙うなら、机上の学問に終始してはならないという固い信念をもっていた延吉は、当然のことながら、地域社会とのつながりの重要性を指摘し、学校と地域社会との相互協力によって農業教育は、より一層の効果を期待できると説いたのである。延吉の農業教育にかける情熱は、ついに学校という枠を飛び越えてほとばしるのであった。

農林学校の校長という職にありながら、延吉は地域の重職を次々と兼務し、農事指導等に深いかかわりをもっていった。愛知県内務部第七課長（明治三十八年一月）、愛知県農事試験場長・農事講習所長（明治三十八年二月）、愛知県農会幹事（明治四十年九月）などを引き受けている。一人一役でも大変であるにもかかわらず、延吉はこれらをこなしていった。彼の活動はまさしく〝超人的〟であった。

明治三十三年に公布された産業組合法に基づいて産業組合が、中小農救済、国家基盤の堅持を目的として普及、発達することになるが、中央の平田東助らとのつながりのあった延吉は、この国家的政策に労を惜しまず協力したのである。産業組合の奨励の政治的意図についてはいろいろな視点からの考察があるけれども、延吉は産業組合の普及発達は間違いなく弱者救済に結びつくものと確信していたのである。

また、延吉は青年会の拡充にも気をつかった。青年団の生みの親で『田舎青年』（明治二十九年）の著者で知られる広島県沼隅郡の山本滝之助との交流をもちながら、地方青年の向上心を鼓舞し、沈滞ムードの打破を試みるべく各地域に青年会をつくり、明治四十三年の春には、全国青年大会を名古屋で開催させている。農村青年の実態を知悉していた延吉が、置き去りにされ、忘れられ、悲しい運命をたどりつつあった農村青年の地位向上を具体化しようと悲痛な叫びを上げていた山本滝之助に共鳴するのは当然のことであった。

山本滝之助のいう「田舎青年」とは次のような青年であった。

「均く之れ青年なり、而して一は懐中に抱かれ一は路傍に棄てられる、所謂田舎青年とは路傍に棄てられたる青年にして、更に之れを云へば田舎に住める、学校の肩書なく、卒業証書なき青年なり、学生書生にあらざる青年なり、全国青年の大部を占めながら今や殆ど度外に視られ、論外に釈かれたる青年なり。」（『田舎青年』）。

全国篤農懇談会を開催したのも明治四十三年のことであった。

延吉のこれら一連の活躍は、当時の国家的要請、つまり地方を国家の基底に置き、縁の下の力持ち的存在にしようとする方向に全面的に協力することになった。農林学校内の充実はもちろんのこと、学外に向けての延吉の努力は、安城の教育を全国的に知らせ、この地を農村教育の聖地といわせるにいたった。

目の回るような多忙のなかにあっても、延吉は寸暇を見つけて筆を執ることを忘れなかった。明治四十一年、延吉はそれまでの己の体験を通じての農村実態の直視と、将来の展望を組み入れた名著『農村自治の研究』を刊行したのである。

この時期は国家も、地方農村に対して異常とも思えるほどの熱い視線を投げかけていた。つまり、日露戦争後の国家は財政的問題はいうにおよばず、それ以外にも重大な病理をはらんでいた。民心の国家離れ、政治的無関心層の拡大、軽佻浮薄な空気の蔓延などがそれである。この対策として国家は「戊辰詔書」を出し、地方民心の統合をねらい、地方改良運動と称される地方政策を積極的にすすめていったのである。

政治的にも経済的にも国家建て直しの根本は地方にあり、という声が次第に大きくなっていく時期であった。延吉の書いたこの『農村自治の研究』はこの国家の地方対策とその方向においても内容においても一致するものであった。その意味で同書は、まさしく時宜を得たものということができる。

農村自治の本質について語り、その型、機関、手段、信条、そして自治の障害になるものについて言及し、農村自治の確立は、農村を建て直すのみならず、国体の肥料となり藩屏となっていくものであることを強く説いたのである。当時はまだこの農村自治というような問題に関する研究にはほとんどみるべきものはなかった。「緒言」でこうのべている。

「勿論市の自治も未だ認むべきものなし、されど市の自治は近頃論ずる人もあり、随分社会の注意も出来たれど、独り町村、別けて農村の自治に至っては、未だ論ずるものもなく、又工夫するものもあらず。時に慷慨悲憤の情をもらすものなきにあらず、時に理想の農村をものするものなきにあらねど、未だ農村の自治につき、示導誘掖の労を吝まざるもの少きは、誠に遺憾の極みである。これ本書の著ある所以であるが、併し之にて其の示道を尽さんとも思はず、又誘掖至れるものともせぬが、たゞ之が研究の端緒を援けんと欲するのみである。」(『農村自治の研究』)。

もちろん日本のムラに自治がなかったわけではない。国家の歴史よりも古いムラの生活にはそれなりのルールがあり、ムラ維持のためのそれぞれの知恵が結集されていたことは間違いない。ただ国家の彌栄に結びつけるムラの自治はなかった。したがって明治国家はその原初的ムラの自治を近代的地方自治のなかに組み入れるために苦心したのである。延吉の書も苦心の方向性においては同様であった。

ともあれ、これが現実の農村救済にかなりの部分で対応するものをもっていたため、好評を博したことは事実である。現場で指導にあたる農村リーダーにとって、同書は、いわば教科書的存在であった。「満州開拓」で知られる加藤完治などは正座して同書を読んだという。


明治四十三年の夏、延吉は愛知県からロンドンで開かれる日英博覧会に出席せよとの命を受け、

喜んで承諾している。出品者の代表が病気のため欠席ということになったので、そのかわりにということであった。内務省も農商務省も嘱託というかたちで延吉を支援してくれた。以前から一度洋行してみたいと考えていた延吉は、その願いがかなったのである。有馬頼寧らも一緒に行くことになった。

わずか七か月という短い期間ではあったが、延吉にとっては見るものも聞くものも、初めてのものばかりで、いろいろ笑止千万なこともあったようであるが、見聞を広める絶好の機会となった。都会だけが発展し、農村が衰退している国家の行く末を案じたり、逆に素朴ではあるが、しっかりした農村をもつ国家に明るい将来のあることを確信したりしている。洋行の成果を延吉はこう言っている。

「欧米を漫遊した自分は角がとれて、聊か円満な性質が加はり、融通がきく人間になった様に思ふた。即ち人間がねれて来、腹が太くなり、物事を余り気に病まぬ様になった、感がするのである。」(『我農生回顧録』)。

この時代の人にとって海外に出るということは大変なことであり、人間が変わるほどの影響を受けたのはオーバーな表現ではなかったのである。

明治の世が終わり大正の時代になり、延吉は思いがけないことに直面する。大正四年のことであった。この年は天皇の即位式と大嘗祭の年であった。大嘗祭に関する土地の選定、稲の品種の選別、栽培法など、いわゆる農業技術に関する大役を延吉は引き受けることになった。光栄に浴した喜びを彼は次のように語っている。

「我が国の即位式は、明治天皇陛下の制定し給ひし、皇室典範によって、京都で挙げられることに定った。そこで京都を中心に、東の地方は悠紀地方とし、西の地方を主基地方とし、両地方を代表する悠紀主基の地方は、神代ながらの亀卜の式を行ふ事と定めさせらるゝのである。大正三年三月六日、悠紀地方は愛知県、主基地方は香川県と点定されたので、両県では米を作るに適当なる場所を慎重に選び、愛知県では碧海郡六ツ美村、香川県では綾歌郡山田村に定めたのである。斯かる土地の選定は、技術員ならでは出来ぬので、愛知県でも香川県でも、主として農事試験場が、此の大役を承はったので、場長であり、県技師であった自分は、図らずも此の歴史的の大典に関与する光栄に浴したのである。」(同上)。

民俗的農耕儀礼を世襲祭儀のなかに組み入れたものが大嘗祭なのであるが、この大嘗祭こそ天皇制と農業を結びつけ、日本が瑞穂の国、すなわち農本国家であることを知らしめるセレモニーであった。天皇制と農本主義の癒着がここにうかがえるのである。

農業教育、農村振興に全力を傾けてきた延吉も、己の歩んできた道を振り返りながら、そろそろ身の落ち着き場所を定めなければという思いが強くなっていた。その気持ちをこう述べている。

「自分は、農民生活を志して、果すことが出来なかったが、年を経るにつれて、落ち着くことを考ふる様になり、結局、自分は農民生活に落ち着くことに腹をきめたのである。故に此処彼処を巡る間にも土地を見、土地を手にすることを考えて居ったものである。」（同上）。

大正五年、三重県鈴鹿の石薬師村（現在＝鈴鹿市石薬師町）に四ヘクタールほどの土地を購入し、農場をつくり、「我農園」と命名した。我農園の発展は地元石薬師村の発展と切っても切れない関係にあると考えていた延吉は、農事改良などで地元のために極力協力していった。

同じ年の十二月、延吉は最愛の長男を失っている。金沢で中学生活を送っていたこの子の将来に延吉は大きな期待をかけていただけに、そのショックは大きかった。酒を飲むようになったのも、その時のことが契機になっているという。

「何時死ぬか判らぬ、子供の看護をしたこと程、寂しい悲しい、陰気なことはなかった。自分は、それ迄酒を嗜まず、酒席を好まなかった男であるが、余りの苦痛に堪へかねて、少々宛飲むだ酒が、美味くなり好物になり、遂に酒好きで通る様になったのは、子供の死ぬだ記念事業であり、同時に三重県鈴鹿郡石薬師村に、我農園を設けたのも、不計も、子供の記念事業になったのである。」（同上）。

大正九年には後進に道を譲らなければという思いや、四年前に開いた「我農園」に熱中し、自由な活動をしたいという思いなどから、公職からすべて手を引いた。しかしこれだけの実績をもった人物を世間はそう易々と引退させはしない。公職辞任の情報が中央に流れると、待っていましたとばかりに石黒忠篤や矢作栄蔵は、延吉を帝国農会に入れてしまった。引き受けたからには一身をなげうってでも没頭するのが延吉である。富山県の漁村婦人の行動が契機となって広がった米騒動（大正七年）以来、外米の輸入と国内の豊作で、米価がどんどん下がった。この米価を一定のところで維持しなければということで、延吉は米の投げ売り防止運動を全国的に展開していった。また、農政問題をジャーナリズムの世界に登場させようと農政記者クラブを設置した。

帝国農会というものは農民の唯一の団体で、農民の世論をつくり、農村の発展に寄与するもので、あらゆる政治団体やイデオロギーから超然独立していなければならないという信念をもっていた延吉は、これが政党の従属下に置かれ、重要なポストがそのために骨抜きにされるや否や、幹事のいすを決然と蹴ったのである。延吉ならではの一幕であった。

昭和三年二月二十日、国民の多くが待ち望んでいた第一回の普通選挙による衆議院議員総選挙が行われた。政友会、民政党の一騎打ちで、政友会が勝ったとはいうものの、民政党との差はないのも同然であった。無産政党が登場し、かなりの支持を得た（八名当選）ことは、日本の政治の動きにそれなりの希望をもたらしたとみる向きもあった。この選挙に延吉は愛知県四区から立候補させられた。「させられた」とあえていうのは、次のような立候補の仕方であったからである。

「私は何が何でも本人が知らずに居て、立候補の出来る道理がないと思ひましたが、それでも半信半疑で二十五日（一月）の朝安城に帰って見ますと、農林学校の卒業生諸君や目醒めた農民諸君が詰め掛けて居て『どうか文句を言はずに承諾して呉れ』と退引ならぬ談判でありました。藪から棒の強談判には私は聊か面喰ったのでありますが、段々様子を聴いて見ますと、一つは普選の意義を実現する為、一つは選挙界郭清の実を示す為と云ふのでありまして、平素私の天下に絶叫しつゝある主義主張と全く一致する所であり、殊に同志諸君の熱烈なる意気に感じて、遂に私は立候補に同意を与へることになったのであります。」(『我農生三十年・興村行脚』)。

立候補する条件として「選挙費用は一文も出さぬ事」、「絶対に出して下さいと頼まん事」、「政見の発表はせぬ事」をもちだしたのである。このような奇妙な立候補ではあったが、それにもかかわらず、農林学校の卒業生を含む地元農民や全国から馳せ参じた延吉ファンの熱狂的支持によって、一万九千七百六十七票を獲得し、第一位当選を果たした。

政党政治を忌避したわけではないが、腐敗堕落した現在の政党に入る気にはなれないとして、延吉は厳正中立を主張した。しかし延吉の個人的意思とは別に、彼の実際の地盤は政友会であり、政友会の勢力によって推されたのだという評判が流れた。延吉を「準政友会派」と呼ぶ者もいた。当然のことながら引き抜きがかなり激しくあった。当時の延吉の日記にその苦悩のあとがよく記録されている。吉地昌一(安城農林高等学校卒業生)も、当時の模様を次のように述べている。

「同窓会の推せんで厳正中立と思っていたのに、同窓の某氏は政友会の人として選挙事務長をやり、先生が当選すると政友会系の中立だといって、地元と中央でもしつっこく圧力を加えて来たので、これには先生も困惑至極だったが、節はまげられなかった。私は先生の依頼で秘書役だったので、この事情がわかってびっくりし、その方面の訪問客が多いのに閉口した。」（「山崎先生の性格とその一生」、安城農林高等学校発行『生誕一〇〇年・山崎延吉の生涯』）。

延吉も人の子、次々と催される祝賀会に出席し喜んだ。しかし選挙の裏にあるドロドロしたものを知って複雑な気持ちになったのも事実である。

昭和三年四月十六日、延吉の「日記」にはこう記されている。

「帰京して東京会館に入り、鶴見、小山、藤原、岸本、椎尾の諸君と会し、中立団体の行動に関し意見の交換をなし会名を明政会とするに決し、綱領作成を約束して十一時散会した。世間の注意をひき、毀誉の的となった明政会が生れたのは此日である事は、我等同志の忘れてならぬ事であるとする。同夜は多くの新聞記者に接したが、田舎から出たばかりの男には異様に感ぜられた。」（『我農生三十年・興村行脚』）。

尾崎行雄を顧問とし、七人で明政会をつくり、政友会、民政党の間に入って、キャスティング・ボードを握った。明政会独自の案がかなりの力を発揮したのである。

翌日、つまり四月十七日の「日記」には明政会の「綱領」を次のように決めるとある。

明政会綱領

一、建国の精神に基き、同胞生活の本義を貫徹して、国家の隆興を期す。

一、立憲政治の発達により、個人人格の完成を可能ならしむる社会の建設を期す。

一、生産能率と分配正義との要求を調和するため国権により産業を統制し以て国民生活の向上を期す。
一、国際正義を基調とする世界平和の達成を期す。
いかなる勢力にも屈することなく、延吉は厳正中立を固持していった。現実政治というものが一個人のなまなかな理想や夢によっては微動だにしないということを延吉が知らないのではない。政治は政治の論理によって運動することを知りながらも、彼はその論理に従うことをあえてしないのである。人はこの精神と行動を幼児的発想と呼び、素人政治と呼ぶであろう。

しかし、高邁な理想も目標もないようなところに生れてくる権力のための権力維持というような私利私欲にとらわれた無倫理政治が、いかなる結果をもたらすかは火を見るよりも明らかである。政治が宗教から解放されなければならないことはいうまでもない。宗教的圧力に屈してはならないのである。だからといって政治倫理から政治が独立していいはずがない。延吉は必死になって堕落してゆく政治の世界に抗し、政治と倫理の結合を図ろうとしたのである。だが壁は厚かった。延吉は次のようにつぶやくのだった。

「自分は、代議士となり、議会に出入りするやうになってからは、意外の学問が出来たと思ったが、夫れ丈けが代議士となった事に、酬ひられしことゝと思へば、物寂しい感じをせざるを得なかったのである。自分の議会生活は、第五十六議会が解散されたのと同時に終ったが、他人はいざ知らず、自分は重苦しい空気の中から、朗らかな世界へ出た気持ちがしたのである。」(『我農生回顧録』)。

昭和四年、かつて三重県鈴鹿の石薬師村に開いていた我農園に、農民教育の塾、つまり「神風義塾」を設け、延吉は己の教育精神発露の場としたのである。

昭和初期には、このようないわゆる塾風教育と呼ばれるような農民教育が全国的に流行している。山陰国民高等学校(鳥取)、瑞穂精舎(長野)、西海農学校(長崎)、純真学園(神奈川)、日本農士学校(埼玉)、農村公民義塾(富山)など、多くのものが登場した。

これら塾風教育というものは、いわゆる学校教育の知育偏重による教育に対抗するもので、軟弱志向、理屈優先、労働嫌悪、向都離村に傾く青年を、肉体的にも精神的にも鍛え直すことが狙いであった。

こういったものが流行するには、それなりの時代的背景があった。いうまでもなく、昭和の初期はニューヨークの株式崩落を契機にしての世界恐慌の波が日本をも襲い、弱い農村がもろにその波をかぶった時であった。多くの農民が飢えを余儀なくされ、昼食の持てない児童の膨大な数、農村は奈落の底に突き落とされたのである。相次ぐテロリズムの背景には、この農村の窮乏化と腐敗堕落した政党や財閥に対する怨念があった。

農村のこの苦悩は重大な政治問題にならざるを得なかった。時局匡救の焦点はまさしく農村に向けられたのである。この国家的危機といえる農村救済対策の一つとして「農山漁村経済更生運動」が展開されることになる。

この運動の基底となるものとして力説されたものが、精神更生であり、精神主義の高揚であった。つまり経済的窮乏化を、精神で、根性で乗り切ろうというものであった。二宮尊徳のある側面が極端に拡大され、老農精神が高唱され、農民道が異常な興奮のなかで力説されたのである。農民教育はまさしくこの状況のなかでなされたのである。

延吉の神風義塾がこの流れに沿ったものであるということはいうまでもない。「沿った」というよりも、延吉や加藤完治らが率先してこういう教育を受け持ったともいえよう。都会の学生とは違った地方青年の「固有の美風」を吸い上げ、鍛え上げ、国家の礎にしようとしたのである。高遠な学理などは、むしろこの教育にとっては敵であった。

神風義塾における「教育方針」の一部にこうある。

「生徒教養ノ主眼ハ建国ノ精神ニヨル祖神ノ礼拝ト、農場ニ於ケル職員生徒ノ協力ニヨル真剣ナル労働生活ニアリテ、高遠ナル学理ノ解説ニアラザルナリ。」(『我農生三十年・興村行脚』)。

修業年限は一年で、これを修了しても卒業とはいわず、社会に向かってこれからスタートするという意味で「門出」と称し、修了時にあたっては延吉直筆の「門出の章」を一人ひとりの生徒に手渡した。


昭和五年五月十五日は、延吉の生涯忘れ得ぬ日になった。御進講の光栄に浴した日である。演

題に苦慮したが、結局「農業経営の改善によりて、農村が立直り、農民が更正する事を碧海郡の実例によって説明を申上げることが、時節柄、適当ではあるまいかと思ひ定めて、農業経営と云ふ演題を選ぶことに決心」（『我農生回顧録』）したのである。内容は「農業経営ノ現況」、「理想信念ノ確立」、「経営改善」、「売方ノ改善」、「生産費ノ逓減」というものであった。

よほどうれしかったのであろう。無上の光栄に胸も張り裂けんばかりであったという。この話が決定した時の様子を延吉は次のように回顧している。

「十二日の朝帰宅して、僕は仏前に燈明をつけて、僕の祖先に今回の光栄を報告し、御沙汰状を供へて之も祖先の御陰であると礼を述べた。次で不自由ではあるが意識明瞭である母に御沙汰状を示して、今回の光栄を話した所、母は驚き且つ喜むで手を合わさぬばかりであったので、僕は始めて親孝行が出来た感がした。」（『我農生三十年・興村行脚』）。

天皇制と日本の農業、農民との懸け橋の役割を延吉は十二分に果たしたのである。

情勢は深刻さを日一日と増していた。農村の窮乏のみならず、日本国家全体の衰退という憂慮すべき事態が迫っていた。このような状況のなかで延吉は、わが生命を農業教育、農村改善にささげて悔いなしの一念で、なさねばならぬことのために南船北馬を続けていたのである。

しかし、どのように多忙をきわめようと、延吉は筆を執ることを己に義務づけていた。日記をつけることはいうまでもなく、種々の雑誌に次々と己の心情を吐露していった。ついにそれらの総まとめともいうべき『山崎延吉全集』を刊行したのである。昭和十年四月から同十一年の十月までに七巻が出された。全巻とも六百ページにおよぶ大著である。

書き下ろしではないとはいうものの、なんといっても多忙の身であってみれば、執筆にあてる時間もままならなかった。延吉はこんなふうにいっている。

「旅行に、講演に、座談に、揮毫に、朝より夜まで時間がとられるので、執筆は多く朝飯前にしたものである。早い時は、午前三時、四時に起き、遅くとも五時から七時頃までは、毎日筆を執ったのである。知る人は知ってゐると思うが、自分は幾つも月刊雑誌に執筆の約束があるので、之が一と通りからん重荷であるのに、連続的に著述に筆を執ったことは、些さか健康を頼み過ぎた感があったのである。」(『我農生回顧録』)。

「全集」の内容は次のようになっている。(一)農村自治篇、(二)農村建設篇、(三)農村教育篇、(四)農家経済篇、(五)農民道篇、(六)農村講演篇、(七)農村更生篇。

超人的行動のなかでの著述だけにこれまた驚嘆に値する。


戦時体制強化のなかで、延吉の農民道もそれなりの協力、支援をすることになる。食料の確保、皇国農村の樹立という至上命令下において延吉は、昭和十四年には帝国農会の副会長になり、十五年には大政翼賛会の愛知支部顧問を務めている。

十四年に出版した『興亜農民読本』のなかで延吉はこう述べたのである。

「げにや剛健なる国民は農村によって維持され、充実せる食糧は農民の努力によって生産さるゝを思へば、我国の生命線は農村にあり農民にありとするも決して我田引水の説ではない。」

日本もついに敗戦の時を迎えた。いろいろな問題をはらみながらのものではあったが、農地改革によって日本農村の構造は大きく変わった。複雑な心境でながめていた延吉であったが、この農地改革に対しては「やむを得ず」という立場をとった。

神風義塾の農場も、「耕作せざる者は土地を持つべからず」の主義で、なんの未練もなく放擲したのである。延吉の薫陶を受けていた一人である久野庄太郎は、延吉の極度のいさぎよさを心配したという。

「先生は、この農場を開くため、又これを維持するために、多額の費用が欲しかった。このために、長年の貯金を投げだし、更に東奔西走、席の温まる間もなく、講演行脚等なされて、これに依る僅かな収入、本当に血の出るような資金をもって経営なされていた農場であったが戦後農地改革に際し、自己は既に八十歳に達し自作が出来ないのでこれを開放されました。私は非常に惜しいことに思って、失礼であったが、『ご家族が沢山おありになるので確保なさってはいかが』と申しでました。この時先生は『農地は農民の持つものである。』といわれ……」（「山崎先生を慕う」、安城農林高等学校同窓会『生誕一〇〇年・山崎延吉の生涯』）。

延吉の戦後の仕事で忘れてならないのは愛知用水（木曽川上流から知多半島南端までの用水路）とのかかわりである。延吉は残された己の人生のすべてをこの愛知用水にささげる決心をしていた。もちろん、この大事業が延吉一人の力で可能になるはずがない。地元住民の多大な力が、それを可能にしたのであるが、わけてもこの計画の糸口を懸命に模索し、労を惜しむことなく実際の仕事をした久野庄太郎、浜島辰雄の名前を忘れてはなるまい。延吉は中央の石黒忠篤に働きかけたり、高松宮を招いて予定地をともに視察し、地域住民の支持を得るべく努力したのである。

この愛知用水完成のために当時の農林省開拓局長の伊藤佐を衆議院議員選挙に推した時など、延吉はボロボロになった肉体にむち打って応援に出かけた。それも連日連夜のことであった。人に背負われながらのこともあったという。しかし、悲しいかな、延吉は愛知用水の完成を見ることなくこの世を去ったのである。

延吉の生涯をおおまかに見てきたわけであるが、どこまで彼の実態にせまることができたか、なんとも心もとないかぎりである。

延吉の一生を概観してみて、いま強く思うことは、この人はじつに描きにくい人だな、ということである。アクセントのつけにくい人といってもよいかもしれない。照明の当てる角度、尺度の選択いかんによっては、もっと鮮明に彼の像を浮き彫りにすることができるのかもしれないが、ともかく、延吉は農本主義者ということに限定して他と比較しても、思想の派手さがないように思える。したがって、彼を特色ある思想家として際立たせようなどというような試みは、まず失敗するであろう。

著作の数はけっして少なくない。行動の人としてはむしろ多い方であろう。にもかかわらず、そういう思いを抱いてしまうのはなぜなのであろうか。こう述べたからといって私はなにも延吉という人物を過小評価するものではない。

外国の土壌のなかから生れるべくして生れた思想を、無条件に輸入して心酔しているようなエセ思想家など、延吉は寄せつけはしない。輸入思想の体系化や整合性のみに眼を奪われて、一度たりとも人の魂を根底から揺り動かすことのないような人など延吉と対峙する資格などありはしないのだ。人の内面をくぐったことのないような思想の持ち主を「思想家」と呼ぶのであれば、延吉はそのようなふやけた「思想家」ではない。

俗にいう「思想家」という先入観では延吉はとらえきれないのである。

彼は教育者であり、農村指導者であり、なによりも席をあたためることのない活動家であった。行動において偉大な人であった。

しかし、ここにも問題がないわけではない。というのは、行動の人、運動の人としての神話化の問題である。偉大なる延吉先生様、神様のような延吉先生様、ああ、ありがたや、もったいなや、で終ってしまう危険性がないことはない。延吉はそのような歯の浮くような礼賛をけっして望みはしないであろう。

田畑を荒らし、山を崩し、河川を汚し、金銭のみに狂奔する人たちから発せられるこのようなお世辞を延吉が喜ぶはずがないではないか。農に生きることのプライドと喜びを喪失してしまったような「農民」に向かって、「しっかりせんか！」と烈火のごとく怒っている延吉の顔がこちらにせまってくるではないか。

延吉の精神をいま真に生かすということはなにをどうすることなのか。とくと考えねばならぬ問題である。

注

本稿作成にあたっては、山崎延吉氏のお孫さんにあたられる渡辺尚一氏、および愛知用水のことで久野庄太郎氏とともに苦労された浜島辰雄氏には一方ならぬ御教示をいただいた。また、風媒社社主・稲垣喜代志氏にもいろいろとお世話になった。

初出一覧

第一章
小林杜人と転向……「文学・芸術・文化」近畿大学文芸学部、平成十四年三月
第二章
横田英夫試論……「文学・芸術・文化」近畿大学文芸学部、平成十五年十二月
第三章
島木健作における「美意識」……書き下ろし
第四章
岩佐作太郎の思想……書き下ろし
第五章
保田與重郎の「農」の思想……「混沌」近畿大学大学院文芸研究科、平成十六年二月
第六章
河上肇と「無我苑」……「文学・芸術・文化」近畿大学文芸学部、平成十五年三月
第七章
近代日本における「修養」……「文学・芸術・文化」近畿大学文芸学部、平成十四年十二月
第八章
農業教育に生涯ささげた山崎延吉……「日本農業新聞」昭和六十年十月九日、十一日、十五日、十六日、十七日、十八、二十二日、二十三日、二十四日、二十五日、二十九日、三十日、三十一日、十一月一日、五日に連載

あとがき

「農」（農業、農民、農村）にとって、日本の近代化とは、いかなるものであったのか。例外的見方はあろうが、それは恐らく、貧と破壊を強要する妖怪的存在であったに違いない。

中央集権化、工業化、合理化、都市化などといった言葉に象徴される日本近代の急襲によって、「農」の多くは軽視され、後退、圧迫の道を余儀なくされ、ついには抹殺されんとするところまで、追いやられていった。「農」は瀕死の重傷を負いながらも、生き残りをかけて、近代化への同化、忍従を受け入れた。時として、変革、反逆の道を選択することもあった。しかし、いずれの道を選んだところで、それは蹉跌と悲哀の時間を刻むことでしかなかったのである。

その過程で、「農」の救済のために反応する思いが、「農本」と呼ばれる思想の原点となったことはいうまでもない。原点は一つであっても、「農本」は、状況如何によって、様々な思想を抱き込んでゆく。思想だけではない。強弱はあるにしても、その時々のいろいろな政治、社会運動をかたちづくることにもなる。

皇道国家建設のための革新運動の動機にもなれば、農民組合運動の支柱になったりもする。国家的事業、政策となった農山漁村経済更生運動、「満州」開拓などとも結びついてゆく。また、日本人の修養、倫理、道徳の背骨としての役割も演じ、農民教育、農民文学にも大きな影響を与えることとなった。

周知のごとく、日本の近代主義と呼ばれるものが、思想生誕の根源に触れることもなく、外国の思想の表面を輸入し、放心状態のまま、異常なまでの関心を示し、内容のない形式的思想を、己のものと錯覚していった。その結果、人間の深層心意世界に潜んでいるところの、「悪」や「闇」、つまり、人間の心の深層に宿る非合理的なものへの強力にして、厳しい照射と解明が出来ず、やすやすとファシズムにいかれてしまった。いかれただけではなく、その後のファシズム理解にも、極めてぶざまな結果をもたらすこととなった。

降って湧いたような近代的「知」を前面に押し出しさえすれば、人間の持っているドロドロした陰湿な部分は、霧散するかのような幻想は、いまもって消えてはいない。ひからびた抜けがらを、後生大事にしている「知識人」の姿は後を断たない。

「農本」にかかわる思想に関しても、戦後民主主義は、ファシズム体制を支援した反動思想だとの烙印を押し、軽くいなし、放擲した。「農本」に関する固定観念が生れるばかりであった。この固定化した認識、理解に対し、私などは、はやくから強い疑いを持っていた。遠い昔のような気もするが、昭和四十年頃から、私は「農本」思想の多様性、多元性について言及してきた。この「農本」がはらむ思想は、いかなる時に、いかなる場で、いかなる形象化をたどるのか。根は一つであっても、それは思いがけなく様々な方向に噴出するものであることを考え、述べてきたつもりである。しかし、いまもって、満足のいく仕事が出来たと思っているわけではない。

ここに収めた拙文は、すべてがそうであるわけではないが、日本近代との邂逅によって農本思想が見せたさまざまな顔の一部である。

今日、「農本」思想に関する研究は、決して多くはないが、それでも様々な角度からの接近が試みられている。好論文もあるが、著書として公にされているものには、岩崎正弥の『農本思想の社会史――生活と国体の交錯』(京都大学学術出版会、平成九年)、武田共治の『日本農本主義の構造』(創風社、平成十一年)、野本京子の『戦前ペザンティズムの系譜――農本主義の再検討』(日本経済評論社、平成十一年)、西村俊一の『日本エコロジズムの系譜』(農山漁村文化協会、平成十二年)などがある。いずれも先行研究をよく精査し、それらを超克せんとする力作である。これらの研究書の評価については、別の機会に譲るとして、私は次のような点を、いましばらく考えてみたい。平凡といえば平凡、単純といえば単純な問題かもしれない。

1

もとはといえば、人間の傲慢がもたらしたものではあるが、生産力向上を至上命令とした資本の論理のなかで、人間性喪失が極限に達した観のある現代社会において、自然と人との共存、一体化を主張してきた「農本」思想は、いかなる有効性を持ち得るのであろうか。それとも、自然回帰や自然との一体化など、夢のまた夢で、単に牧歌的な原初の唄を憧憬し、太古の美の幻想に酔いしれることに終わるのか。

かつて丹野清秋が提起してくれた次の視点は、極めて重要なポイントとなるであろう。

「農本主義思想が、現代の状況において有効性をもつには、資本の論理にもとづく支配、被支配の社会構造を告発するという論理性をもつことにおいてである。つまり、それが、近代合理主義思想に反対する思想たりうるには、単なる自然回帰としての牧歌的な生活の回帰としてではなく、反商品経済、反資本主義――したがって反権力という側面において捉へ、疎外された状況のもとにおける人間の自然性復帰という人類の本質的な権利の奪われたものの奪還という点において、現代的に継承されていく必要がある。」（「農本主義と戦後の土着思想」「現代の眼」昭和四十七年二月）

この丹野の揚言は、「農本」にかかわる思想の生き残りを賭けた一つの基本的問題点として受けとめる必要があろう。

2

浮いては沈み、沈んでは浮くテーマではあるが、戦後民主主義とナショナリズム、愛国心といった問題が、また脚光を浴びてきた。たしかに、きな臭いにおいがしてきた。戦後民主主義によって、足腰立たぬほど叩きのめされたかに見えた、この愛国心やナショナリズムは、いわば一時的に嵐のまえで、首をすくめていただけのようにも思える。家族、郷土の実態は変容すれども、その喪失感が、逆に国家、民族への郷愁と依存度を増してきている。パトリオティズムとナショナリズムは、幻想のなかで結合し、一つの実態創造の礎となる。

かかる状況のなかで、「農本」思想のキーワードともいうべき、権藤成卿らの「社稷」の思想は、今後、どのような意味を持ち得るであろうか。中央集権的強権国家による民衆統制の不十分さを補完するものとして、その生命を売ってしまうのか、それとも人間生存の根源に、徹底的に執着することによって、国家の統制権力を相対化し得るのか、ここにも、「農本」の持つべき究極的エネルギーをめぐる一つの大きな課題がある。国家権力に吸引されることのない、人間の根源的自然性、土着性というものは、どこに、どういう形で存在し得るのか。余計なことかもしれぬが、日本民俗学の課題の一つも、このあたりにあるのではないか。

3

宗教的権威としての天皇制と、「農本」思想の関係は、日本列島に住まいする人間にとっては、依然として難題の一つである。

天皇制の持っている祭儀行為のなかで、主要なものに、天皇の即位の後に執り行われる大嘗祭（大嘗会）があるが、この宗教的祭儀行為のなかで、農耕儀礼の果す役割が大きいことは周知の通りである。

昭和七年の五・一五事件に深くかかわった農本主義者橘孝三郎は、大嘗祭について、次のようなことを強調している。

「大嘗祭は一般的に、天皇が、その即位の初頭、新穀を天照大神以下の天神地祇、謂はゞ八百万神の神前に供へ奉って、その即位を神々に報告し、且つ感謝し、且つ諸の常盤、堅盤の守護を祈願する。…（略）…天皇は御膳即ちみづほ（瑞穂）を灌酒の礼を以て、之をいつきまつる。而して、後に、之を頗る頭を低くしたまひて最敬礼、礼拝し、手を拍ち、称唯して、嘗めたまふこと三度する。天皇は、稲を生命とする稲の国の稲の日本人すべての幸福のために、みづほをかくまつりかくおろがむのである、ここに天皇職のすべてが厳存する。（『皇道文明優越論概説』天皇論刊行会、昭和四十三年、九九四〜九九六頁。）

制度や機構、あるいは法律などとは無関係なところで呼吸している多くの日本人の天皇信仰を生み出す基盤の一つに、長期にわたって継続してきた農耕社会の習俗が大きくかかわっていることは間違いなかろう。つまり、天皇制は、「農本」国家と共に存続してきたように思える。

日本列島から稲が消え、日本人の食生活から米が完全になくなる日が到来するであろうか。否、ということであるならば、今後、いかなるかたちで、この稲作、米と天皇制は、絡みあってゆくのであろうか。今日も、「農本」にかかわる思想は、決してその存在理由を喪失してはいない。

奮闘努力はしたものの、本書が駄文の寄せ集めでしかないことは、私自身がよく知っている。この愚書を読んでいただいた人たちの御叱正を心より請う次第である。

農の思想と日本近代

2004年8月23日　第1刷発行　　（定価はカバーに表示してあります）

著　者　　綱澤満昭
発行者　　稲垣喜代志

発行所　名古屋市中区上前津 2-9-14　久野ビル
振替 00880-5-5616 電話 052-331-0008
http://www.fubaisha.com/
風媒社

乱丁・落丁本はお取り替えいたします。　＊印刷・製本／モリモト印刷
ISBN4-8331-0526-8

校正その他で精魂をこめていただいた風媒社の林桂吾さんに、この場を借りて感謝の意を表しておきたい。
最後になったが、同社の稲垣喜代志さんには、毎度のことながら大変御迷惑をおかけすることになった。御礼の言葉を私は知らない。

平成十六年六月二十一日

綱澤満昭